混合签密理论

俞惠芳 著

科学出版社

北京

内 容 简 介

混合签密由非对称的签密密钥封装机制和对称的数据封装机制组成，可以实现任意长度消息的安全通信。混合签密的非对称部分和对称部分的安全需求完全独立，可以分开研究各自的安全性。相对于公钥签密，混合签密在密码学应用中具有更高的灵活性和安全性。本书介绍几种混合签密方案及其安全结果的证明过程，其中多个成果是作者多年教学和研究的结晶。全书共 8 章，内容包括绪论、密码学基础、IBHS 方案、ES-CLHS 方案、PS-CLHS 方案、CLHRS 方案、LC-CLHS 方案、总结与展望。本书力求使读者能够直观理解每部分知识，深入理解和掌握混合签密方案的设计及证明方法。

本书既可以作为高等院校密码学、信息安全、应用数学、计算机科学、网络通信、信息科学等专业的研究生和高年级本科生的教材和参考书，也可以作为密码学、信息安全等领域工程技术人员和研究人员的参考资料。

图书在版编目（CIP）数据

混合签密理论／俞惠芳著. —北京：科学出版社，2018.3

ISBN 978-7-03-056840-3

Ⅰ. ①混… Ⅱ. ①俞… Ⅲ. ①密钥学 Ⅳ. ①TN918.1

中国版本图书馆 CIP 数据核字（2018）第 048831 号

责任编辑：余 丁／责任校对：郭瑞芝

责任印制：师艳茹／封面设计：蓝 正

科学出版社 出版

北京东黄城根北街 16 号

邮政编码：100717

http://www.sciencep.com

新科印刷有限公司 印刷

科学出版社发行 各地新华书店经销

*

2018 年 3 月第 一 版 开本：720 × 1000 1/16

2018 年 3 月第一次印刷 印张：9

字数：201 000

定价：68.00 元

（如有印装质量问题，我社负责调换）

前　言

在当今的信息时代，互联网已经渗透到社会经济、政治文化等各个领域，正不断影响着人们的工作和生活方式。各种网络服务给人们既带来了便利也带来了威胁。互联网的不断发展，促使危害信息安全的事件不断发生，敌对势力的破坏、黑客攻击、利用计算机犯罪、有害内容泛滥、隐私泄露等对信息安全构成了极大威胁。信息的存储、传输和处理越来越多地在开放网络上进行，极易遭受到各种网络攻击的威胁。由此可见，信息安全已经成为信息社会亟待解决的最重要问题之一。在全球信息化迅速发展的今天，开展信息安全研究，增强信息安全技术，提高信息安全风险的认识和基本防护能力，营造信息安全氛围，是时代发展的客观要求。

密码技术是保障信息安全的关键技术。最常用的密码技术是加密和签名。加密可以使任何非授权者不能得到消息内容，签名可以使接收者能够确定消息的发送者是谁。随着信息安全的快速发展，人们对网络传输的数据安全性要求越来越高，同时对保密性和认证性的需求也越来越广泛。这种情况说明加密或签名的单独使用已经远远不能满足人们的需求，实际应用中往往需要整合加密和签名。签密技术是公认的能同时实现签名和加密的理想方法。现有大多数签密方案都是在使用公钥认证方法的情况下同时实现加密和签名过程，这样使得被传输的消息取自某个特定集合，使其应用范围受到限制。

混合签密由签密密钥封装机制（KEM）和数据封装机制（DEM）两部分组成，可以实现任意长度消息的安全通信。签密 KEM 运用公钥技术封装一个对称密钥，DEM 使用对称技术加密任意消息。混合签密允许签密 KEM 和 DEM 的安全需求完全独立，可以分别研究各自的安全性。密码学是信息安全的核心和基础，混合签密是密码学中较为新颖的一种密码原语。近年来，混合签密的设计方法、设计工具及安全性证明都得到了扩展和深化。混合签密在电子邮件收发、在线电子交易、在线电子服务等方面有着广泛应用，利用混合签密可以确保交易双方的安全性，降低商业风险。

业内预测，五年后全球范围内网络空间安全人才缺口将达到 350 万。相对于我国庞大的上网人数、迅猛发展的网络经济规模和严峻的全球网络安全形势，为网络空间安全护航的人才队伍尤显匮乏，所以加快培养适应社会需求、多类型、多层次的高素质网络空间安全人才迫在眉睫。为了适应网络空间安全发展的需求，作者撰写了本书。

本书在阐述混合签密内容的时候，主要采用描述性的方式向读者介绍混合签密理论研究的最新成果，作者力图使本书成为一本在密码学与信息安全领域对读者提供帮助、缩短熟悉最新理论时间的参考书。

本书是混合签密理论方面的最新专业著作，是作者近几年从事包括混合签密理论及安全性证明方法在内的密码学与信息安全学的教学和科研成果的总结。本书可供从事混合签密理论研究和技术开发的人员参考使用，也可以作为网络空间安全、通信工程、软件工程、网络工程、信息对抗技术、计算机科学与技术等专业的研究生及高年级本科生的教材和参考书。

在本书付梓之际，特别感谢我的导师——陕西师范大学计算机科学学院博士生导师杨波教授，书中包含的部分成果是作者攻读博士学位期间在杨老师的悉心指导和科研课题支持下取得的。由衷感谢西北师范大学计算机科学与工程学院的王彩芬教授、西安邮电大学自动化学院的王之仓教授和青海交通职业技术学院信息工程系的廖春生教授，他们为本书提出了许多建设性意见。也感谢李建民、高新哲、付帅凤、张杰、罗海秀等五名同学的帮助。

本书受到国家自然科学基金项目（61363080, 61572303, 61772326）和青海省基础研究计划项目（2016-ZJ-776, 2015-ZJ-718）的资助。

由于密码学的创新层出不穷，整合对称密码和公钥密码的研究越来越多，混合签密理论日新月异，研究文献汗牛充栋，故本书不足之处在所难免，敬请读者批评指正。您的建议和意见是作者前进的方向和动力，作者会及时做出答复和改进。作者的联系方式：yuhuifang@qhnu.edu.cn。

目　　录

第1章　绪　　论

1.1　研究背景和意义

习总书记在2014年2月27日中央网络安全和信息化领导小组第一次会议上指出：没有网络安全就没有国家安全，没有信息化就没有现代化。不强化网络化的信息安全保障，不解决信息安全问题，则信息化不可能持续、健康发展，与之相关的经济安全、政治安全、国家安全也不可能得到可靠保障。

1.1.1　信息安全的重要性

信息安全的保障能力是21世纪经济竞争力、生存能力和综合国力的重要组成部分。信息安全可抵御信息侵略和对抗霸权主义。信息既是战略资源也是决策之源，信息必须是安全可信的，如果信息不安全了，错误的信息将会起到非常大的反作用。发达国家将信息对抗与争夺作为国家与国家之间斗争的主要方式。若解决不好信息安全问题，国家则会处于信息战、信息恐怖和经济风险等威胁之中[1,2]。

信息化社会的人们从事政治、经济、军事、外交、文化、商业、金融、社会生活等各项活动时往往需要借助于互联网，这使人们无时无刻不面临各种信息安全威胁[3-5]。信息技术的发展推动了军事革命，出现了信息战法、网络战法等新型战法及网军等新型军兵种。两次海湾战争和科索沃战争中，美国都成功实施了信息作战。2010年美国和以色列利用计算机病毒成功攻击伊朗核工厂，毁坏了大部分的铀离心机，重挫了伊朗的核计划。2013年斯诺登引爆棱镜门事件。2015年雅虎证实超15亿用户信息遭窃，同年希拉罗里邮件门事件曝光。2015年中国团队360Vulcan在黑客大赛中仅用1秒就成功攻破被称为史上最难攻破的IE浏览器。2017年Dun & BrandStreet的52GB的数据库遭泄露，这套数据库包括美国数千家公司员工和政府部门的约3380万个电子邮件地址和其他联系信息，在美国影响范围巨大。现如今，信息安全问题日益突出，信息安全威胁的事件频繁在网络和电视等媒体报道，信息安全的形势不容乐观，已经严重威胁到了人们的正常生活甚至国家安全。信息安全问题是影响国家大局和长远利益的亟待解决的重大关键问题。在信息技术应用过程中，信息是最宝贵的资源，互联网为获取信息和传播信息提供了极大的便利。互联网可以使人们不受空间和时间的限制与世界任何角落的个人或组织进行信息交流，而且每天发生的各种重大事件都能以最快速度向全世界传播。

什么是信息安全（Information Security）呢？信息安全是指计算机信息系统的硬件、软件、网络及其系统中的数据受到保护，不受偶然的或者恶意的原因而遭到破坏、更改、泄露，系统连续可靠正常地运行，信息服务不中断。信息安全的基本属性表现在以下几个方面：

（1）保密性（Confidentiality）。保密性是指确保信息不暴露给未授权的实体或进程。

（2）数据完整性（Data Integrity）。数据完整性是指只有得到授权的实体才能修改数据，并且能够辨别数据是否已被修改。

（3）可用性（Availability）。可用性是指得到授权的实体在需要时可以访问数据，即攻击者不能占用所有资源而阻碍授权者的工作。

（4）可控性（Controllability）。可控性是指可以控制授权范围内的信息流向、信息传播、信息内容等，信息资源的访问是可以控制的，网络用户的身份是可以验证的，用户活动记录是可以审计的。

（5）不可否认性（Non-repudiation）。不可否认性是指防止通信中的任何一方否认它过去执行过的某个操作或者行为。

然而，目前信息安全面临着许多自然的或人为的威胁。一般来说，自然威胁是指来自各种自然灾害、恶劣的电磁辐射或电磁干扰、网络设备老化等。这些事件有时会直接影响信息的存储介质，威胁信息的安全。人为威胁包括信息泄露、破坏信息的完整性、拒绝服务、非授权访问、窃听、业务流分析、假冒、旁路控制、授权侵犯、抵赖、信息安全法律法规不完善等。常见的信息安全威胁如图 1-1 所示。

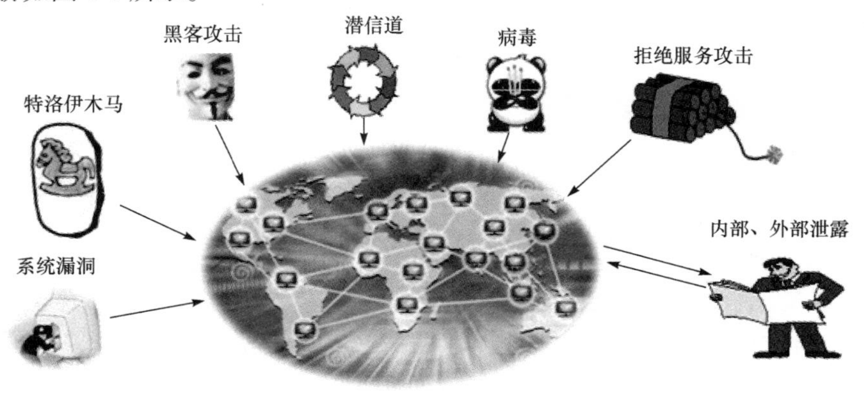

图 1-1　常见的信息安全威胁

1.1.2　密码理论

信息安全是一门涉及计算机、网络、信息论、密码学、电子、通信、数学、物理、生物、管理、法律、教育等的综合性学科，主要研究确保信息安全的科学与技术。密码学是信息安全的核心和基础，在信息安全领域有着重要地位和作用。离开了密码学，信息安全将无从谈起。

密码学包含密码编码学（Cryptography）和密码分析学（Cryptanalysis）两个分支。密码编码学主要研究对信息进行编码，以保护信息在传递的过程中不被敌手窃取、解读和利用。密码分析学主要研究通过密文获取对应的明文信息，即在未知密钥的情况下从密文推导出明文或密钥的技术。密码编码学和密码分析学既相互对立又相互依存，从而推动了密码学自身的快速发展[6-11]。

在密码学中，用来提供信息安全服务的原语称作密码系统（Cryptosystem）。根据密码系统所使用的密钥，密码系统可以分为对称密码系统（Symmetric Cryptosystem）和非对称密码系统（Asymmetric Cryptosystem）。对称密码系统又称单钥密码系统（One-Key Cryptosystem）或私钥密码系统（Private Key Cryptosystem），特点是加密和解密的密钥相同，密钥保密不公开。对称密码系统模型如图 1-2 所示。

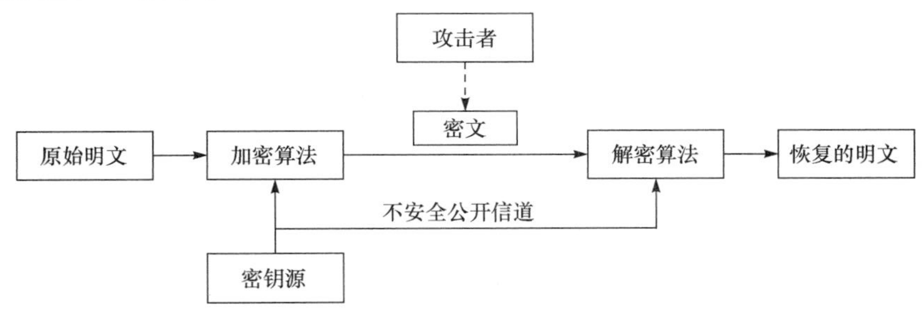

图 1-2　对称密码系统模型

公钥密码出现之前，对称密码系统的安全性基于私钥和加密算法的保密。对称密码系统的代价昂贵，故而密码学主要用于军事、政府和外交等机要部门。在对称密码系统中，加密密钥和解密密钥是相同的，通常使用的加密算法简单高效、密钥短、安全性高。但是传送和保管密钥是严峻问题。

1976 年，Diffie 和 Hellman 发表的论文《密码学的新方向》是公钥密码诞生的标志，即发送者和接收者之间不需要传递密钥的保密通信是可能的。公钥密码使密码学发生了一场变革，在密码学发展史上具有里程碑意义。公钥密码系统（Public Key Cryptosystem）又称双钥密码系统（Two-Key Cryptosystem），实质上就是非对称密码系统。公钥密码系统解决了对称密码系统中最难解决的密钥分配和数字签名两个问题，特点是加密密钥（或公钥）和解密密钥（或私钥）是不同的。公钥密码系统模型如图 1-3 所示。

为了适应高度网络化和信息化的社会发展需求，密码学研究从消息加密扩展到数字签名、消息认证、身份识别、防否认等新领域。事实上，网络上应用的信息安全技术，比如数据加密技术、数字签名技术、混合签密技术、网络编码技术、多方安全计算技术、区块链技术、抗量子计算攻击的密码技术、消息认证技术、身份识别技术、反病毒技术、防火墙技术等都是使用密码学理论设计的。如今密码学应用非常广泛，各国政府都十分重视密码学的研究和应用。

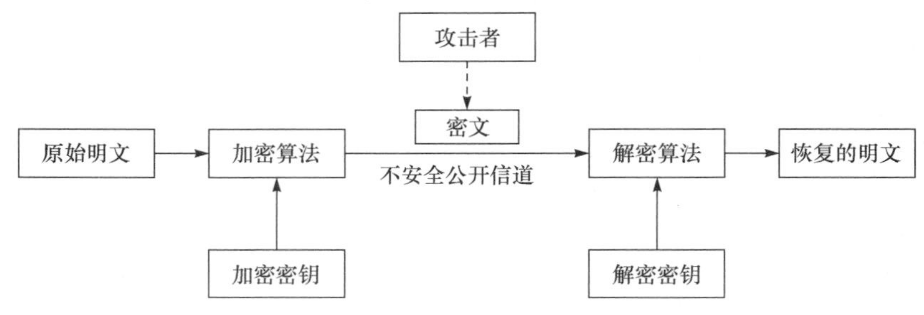

图 1-3　公钥密码系统模型

1.1.3　签密技术

密码系统可使通信各方在不安全的信道中安全地传输信息。保密性和认证性是密码学提供信息安全服务的重要内容，是签密体制形式化定义的基本安全概念。机密性可以保证信息只为授权用户使用，不能泄露给未授权的用户。认证性可以防止通信方对以前的许诺或者行为否认。保密性通过加密实现，加密可以使可读的明文信息变换为不可读的密文信息。认证性通过签名实现，签名可以使数据的接收者确认数据的完整性和签名者的身份。随着信息技术的迅速发展，仅仅靠加密是不能满足密码学应用的安全需求。如果加密密文在网络传输过程中被篡改，接收者即使使用正确的密钥解密也不能获得正确消息；同时发送者的身份认证也是非常重要的问题。由此可见，加密或签名单独使用是远远不够的，密码学应用中往往要将加密和签名整合使用[12]。

同时提供保密性和认证性两个安全目标的传统方法是“先签名后加密”，其计算量和通信成本是加密和签名的代价之和，计算效率低。签密（Signcryption）[13]是整合加密和签名的代表性密码协议，其计算量和通信成本都要低于传统的“先签名后加密”方法。签密简化了同时需要保密与认证的密码方案的设计，合理设计的签密方案可取得更高的安全水平，任何能够同时提供保密性与认证性的公钥密码方案均可以归到签密的范畴。许多学者对签密的工作原理进行了深入的研究，设计了不少具有特性的安全高效的签密方案[14-24]，这些研究成果表明签密在密码学应用领域中可以提供信息保密、身份认证、权限控制、数据完整性和不可否认等安全服务。由于签密技术的广泛应用和迅速发展，2011 年 12 月 15 日国际标准化组织正式将签密列为安全技术的标准（ISO/IEC 29150）。

公钥密码[25]是密码学的核心技术，可是公钥密码函数运行在很大的代数结构中，计算代价昂贵。对称密码函数却具有更高的运行效率，而且对消息长度没有任何限制，在任意长度数据需要安全的时候，对称密码经常被使用。因此，在密码学应用中需要任意长度数据安全的时候，混合密码系统（Hybrid Cryptosystem）应运而生了。混合密码系统是对称密码和公钥密码的简单组合，也可以看作是公钥密码系统的一个分支，混合密码系统的重要标志是 KEM-DEM 结构[26]。KEM-DEM 结构将混合加密分为 KEM（Key Encapsulation Mechanism）和 DEM（Data Encapsulation Mechanism）两个独立的组件，各组件的安全性可以分开研究。KEM 与公钥加密类似，不同的是通过 KEM 算法生成的是对称密钥和对该对称密钥的加密密文，而不是消息的加密密文。DEM 与对称加密类似，只是 DEM 用的加密密钥是由 KEM 算法随机产生的对称密钥。混合密码系统目前已经受到了各个制定未来公钥密码标准组织的高度重视，比如 ISO 要求所有候选加密方案都应该能够加密任意长度的消息，从而必须适用于混合加密[27]。

签密有公钥签密（Public Key Signcryption）和混合签密（Hybrid Signcryption）两类。公钥签密所处理的消息取自某个特定集合，这样不能实现大消息的安全通信。为了解决任意长度的消息的保密并认证的通信问题，在 KEM-DEM 结构的理论基础上许多混合签密[28-35]被设计。混合签密由签密 KEM 和 DEM 两部分组成，其中签密 KEM 在发送者私钥和接收者公钥共同作用下生成对称密钥和对称密钥封装，DEM 则利用对称密钥加密任意长度的消息。类似于混合加密，可以分开研究签密 KEM 和 DEM 的安全性。混合签密的优势在于对消息长度没有限制、设计灵活、运算效率高。混合签密是同时实现保密并认证的重要手段，而且安全性越来越完善。混合签密的工作过程如图 1-4 所示，图中 S_a 和 S_b 分别表示发送者和接收者的私钥，P_a 和 P_b 分别表示发送者和接收者的公钥。

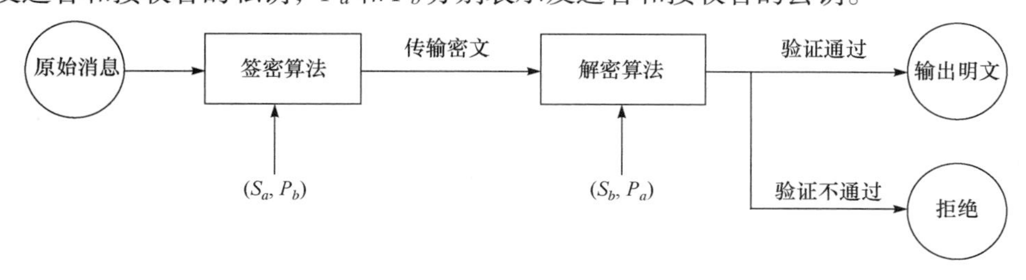

图 1-4　混合签密的工作过程

1.1.4 混合签密分类

传统的公钥基础设施（Public Key Infrastructure，PKI）采用证书管理公钥，通过可信第三方认证中心（Certificate Authority，CA）把用户公钥和用户的其他标识信息捆绑在一起，在互联网上验证用户的身份。CA 的功能有证书发放、证书更新、证书撤销和证书验证，CA 还要负责用户证书的黑名单登记和黑名单发布。公钥证书是一个结构化的数据记录，包括用户的身份信息、公钥参数和证书机构的签名等。任何人都可以通过验证证书的合法性来认证公钥。如果一个用户信任认证机构，则该用户验证了另一用户证书的合法性之后，就应该相信公钥的真实性。PKI 使用任何公钥都要事先验证公钥证书的合法性，增加了用户的计算量。PKI 的运行过程：用户向注册中心（Registration Authority，RA）提交证书申请或证书注销请求，由 RA 审核。RA 将审核后的用户证书申请或证书注销请求提交给 CA。CA 最终签署并颁发用户证书并且登记在证书库中，同时定期更新证书注销列表（Certificate Revocation List，CRL），供用户查询。从根 CA 到本地 CA 存在一条链，下一级 CA 由上一级 CA 授权。CA 还可能承担密钥备份和恢复工作。PKI 运行模型如图 1-5 所示，CA 运行模型如图 1-6 所示。图 1-5 中 LDAP（Lightweight Directory Access Protocol）是指轻量级目录访问协议。

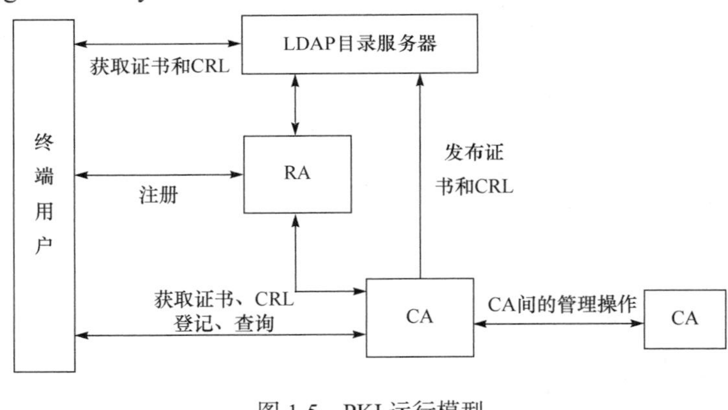

图 1-5 PKI 运行模型

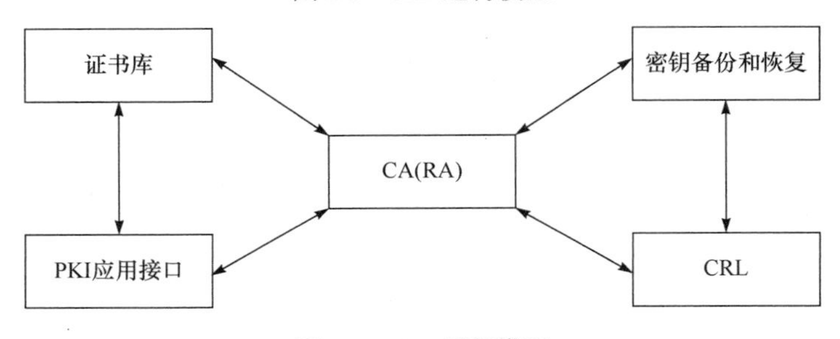

图 1-6 CA 运行模型

Shamir在1984年提出了基于身份的公钥密码系统（Identity-Based Public Key Cryptosystem，IB-PKC）[36]的思想，简化了传统的PKI公钥体系架构中的CA对各用户证书的管理，其基本的想法就是用户公钥由用户的公开身份信息确定，私钥生成器（Private Key Generator，PKG）利用用户的公开身份信息计算出用户私钥。在IB-PKC中，当一个用户使用另一个用户的公钥时，只需要知道该用户的身份信息，而不需要去获取和验证该用户的公钥证书。由此可见，IB-PKC减少了公钥证书的存储、颁发、撤销及公钥验证费用。然而，PKG知道所有用户的私钥，可以冒充任何用户进行任何密码操作且不被发现，这使得IB-PKC无法避免密钥托管问题。

为了克服传统的PKI中的证书管理问题和IB-PKC中固有的密钥托管问题，A1-Riyami和Paterson[37]在2003年提出了无证书公钥密码系统（Certificateless Public Key Cryptosystem，CL-PKC）。在CL-PKC中，用户的完整私钥由密钥生成中心（Key Generation Center, KGC）产生的部分私钥和用户自己随机选取的秘密值两部分组成，用户公钥是用户自己计算得到的。CL-PKC不再使用证书对用户公钥和用户身份进行绑定，也不需要托管密钥，因而在实际网络中有着广泛的应用前景。

目前认证公钥的方法有基于PKI的公钥密码体制、基于身份的公钥密码体制和基于无证书的公钥密码体制三种。Girault[38]定义了下面三个信任标准。

信任标准1：认证机构知道或可以轻松得到用户私钥，因而可以冒充用户并且不被发现。

信任标准2：认证机构不知道或不能轻松得到用户私钥，但是仍然可以产生一个假的证书冒充用户并且不被发现。

信任标准3：认证机构不知道或不能轻松得到用户私钥，如果认证机构生成一个假的证书冒充用户，他将被发现。

从三个信任标准可以看出，基于PKI的公钥密码体制达到了信任标准3，因为同一个用户拥有两个合法的证书则意味着认证机构的欺骗；基于身份的公钥密码体制只达到了信任标准1，因为PKG知道所有用户的私钥；基于无证书的公钥密码体制达到了信任标准3并且不需要公钥证书。

根据公钥认证方法的不同，混合签密方案可以分为基于PKI的混合签密方案、基于身份的混合签密方案和基于无证书的混合签密方案。将混合签密体制和具有特殊性质的数字签名相结合，可以设计具有特殊性质的混合签密方案，比如将混合签密体制与环签名集成在一起则可以形成混合环签密体制。本书接下来的大部分内容主要描述不同公钥认证的混合签密方案及其可证明安全性。

1.2　国内外研究现状

电子商务、电子政务及日常生活网络化与信息化，使得信息安全的核心和基础技术——密码学技术得到了很大发展。在任意长度的数据需要保密并认证通信的密码学应用需求下，使用密码学技术的不同公钥认证的混合签密技术具有了良好的应用前景。这也说明目前公钥签密技术在很多情形下已经不能满足密码学应用需求，在现实场景中往往需要处理任意长度的消息以适用于保密并认证的不同应用环境。在这样的应用背景下，不同公钥认证的混合签密技术就在混合密码系统的理论研究基础之上发展起来了。

混合签密技术的研究最先是从混合加密技术着手的。混合加密起初是先用公钥加密方案加密对称密钥，再用该对称密钥加密真正的消息，此时的混合加密仅仅限于密码学应用需求，并没有形式化安全定义。直到 2004 年，Cramer 等对混合加密的 KEM-DEM 结构进行了形式化安全定义[27]。混合加密[39-43]的优势是可以实现任意长度的消息的安全保密通信。混合加密由完全独立的 KEM 和 DEM 两部分组成，KEM-DEM 结构允许分别定义 KEM 与 DEM 的安全需求。为了使得整个混合加密达到某种安全水平，只要 KEM 和 DEM 分别达到相应的安全水平即可，这极大方便了混合结构的安全性分析。

Dent 在 2005 年使用 KEM-DEM 结构设计了一个内部安全的混合签密方案[44]和一个外部安全的混合签密方案[45]，给出了相应的混合签密方案的算法模型和形式化安全定义。目前混合签密[28-35,46-51]是密码学界的一个重要研究方向，其非对称部分签密 KEM 需要接收者的公钥和发送者的私钥作为输入，从而确保了所产生随机密钥的数据完整性，起到了数字签名的效果；然而，其对称部分 DEM 使用非对称部分产生的对称密钥加密任意长度的消息，保证了消息确确实实源自于所声称的消息源。

密码学界主要研究了基于 PKI 的混合签密方案、基于身份的混合签密方案和无证书混合签密方案。混合签密可以应用于网上报关、网上报检、网上办公、网上采购及网上报税等电子政务和电子商务系统，也可以应用于电子支付、电子邮件、数据交换、电子货币及物联网等领域。在电子签章系统中，只有合法拥有印章钥匙盘并且有密码权限的用户才能在文件上加盖电子签章；而且可以通过密码验证、签名验证、数字证书等验证身份的方式验证用户的合法性，可以查看和验证数字证书的可靠性。

相比较于公钥签密技术，混合签密技术具有更高的效率和更好的灵活性，尤其是在要求大量数据保密并认证通信的情形下。目前混合签密技术在网络通信中起着重要作用。如何设计使用不同公钥认证方法的具有不同特性的混合签密方案及如何证明所设计方案的安全性，仍然没有完成，还在继续进行和完善之中。针对混合签密理论的研究及讨论方兴未艾。混合签密是公钥密码的一个扩展，也是一种重要的密码学技术。混合签密理论看似简单，但是根据密码学界的不同研究目的或者结合密码学中其他一些技术，混合签密技术的实现方式却又丰富多彩。混合签密被提出至今十几年的时间里，不断地沿着不同方向延伸和发展。混合签密方案的设计及其可证明安全性理论的研究工作还需要进一步完善和创新。

虽然目前已经公布了不少使用不同公钥认证方法的混合签密理论方面的研究结果，但是设计安全性强、计算复杂度低和通信效率高的混合签密方案仍具有重要的理论意义和实际价值。本书重点是在椭圆曲线离散对数问题、椭圆曲线计算 Diffie-Hellman 问题、椭圆曲线判定 Diffie-Hellman 问题、双线性 Diffie-Hellman 问题、计算 Diffie-Hellman 问题、双线性判定 Diffie-Hellman 问题、联合双线性 Diffie-Hellman 问题、联合计算 Diffie-Hellman 问题、联合判定双线性 Diffie-Hellman 问题等的理论基础之上，说明如何去设计实用的基于身份的混合签密（Identity-Based Hybrid Signcryption，IBHS）方案，使用三个乘法循环群的高效安全的无证书混合签密（Efficient and Secure Certificateless Hybrid Signcryption，ES-CLHS）方案、可证明安全的无证书混合签密（Provably Secure Certificateless Hybrid Signcryption，PS-CLHS）方案、基于无证书的混合环签密（Certificateless Hybrid Ring Signcryption，CLHRS）方案和低计算复杂度的无证书混合签密（Low-Computation Certificateless Hybrid Signcryption，LC-CLHS）方案，进而说明如何在随机预言模型中采用归约的方法证明这些密码方案的安全性及如何给出其概率分析过程。

在安全性证明中，随机预言模型通常是现实中哈希函数的理想化替身。哈希函数是一个输入为任意长度，输出为固定长度的函数，除此之外还满足单向性、抗碰撞性等。在随机预言模型下通常证明所设计的密码方案是安全的；而在密码方案的实际执行的时候，用具体的哈希函数来替换密码方案中的随机预言机。在标准模型下敌手只受时间和计算能力的约束，而没有其他假设；在标准模型下的可证明安全性可以将密码方案归约到困难问题上。然而在实际中，很多密码方案在标准模型下建立安全性归约是比较困难的，也就是难于证明在安全模型下的安全性。因此，为了降低证明的难度及计算复杂度，往往在安全性归约过程中加入其他假设条件。

随机预言模型中的安全性证明除了散列函数外的环节都可达到安全要求，目前大多数的可证明安全混合签密方案也是基于随机预言机模型的。因此，随机预言机模型仍然被认为是混合签密方案的可证明安全中最成功的应用。本书的重点在于描述随机预言模型下的混合签密理论（Hybrid Signcryption Theory）。

1.3 本章小结

没有网络安全就没有国家安全，没有信息化就没有现代化。不强化网络化的信息安全保障，不解决信息安全问题，则信息化不可能持续、健康地发展，与之相关的经济安全、政治安全、国家安全也不可能得到可靠保障。

密码学是一门研究编制密码和破译密码的技术科学。密码学是信息安全的核心和基础，离开了密码学，信息安全将无从谈起。

加密是以某种特殊的算法改变原有的信息数据，使得未授权的用户即使获得了已经加密的信息，但是由于不知解密的方法，仍然无法了解信息的内容。认证是用来确保用户身份、信息来源的真实性。认证和加密是密码学的两大安全目标，许多密码学应用环境中要求同时实现认证和加密两项功能。如何设计认证并加密的密码方案是目前密码学界研究的热点方向。混合签密是整合认证和加密的密码方案，这类密码方案使用较少的计算量和通信代价就可以提供任意长度消息的认证并保密的通信服务。混合签密具有更高的效率和更好的灵活性，尤其是在大数据和云计算背景下需要大量数据保密并认证通信的情形下。

本书的重点是在一些数学困难问题和不同公钥认证方法的理论基础之上，说明如何设计 IBHS 方案、ES-CLHS 方案、PS-CLHS 方案、CLHRS 方案和 LC-CLHS 方案，进一步说明如何在随机预言模型中采用归约的方法证明这些密码方案的安全性及如何给出其概率分析过程。具体地讲，本书的第 3 章至第 7 章重点在于描述随机预言模型下的混合签密理论。

参考文献

[1] 沈昌祥. 关于加强信息安全保障体系的思考. 中国计算机用户, 2002, （45）: 11-14

[2] 沈昌祥. 当今时代的重大课题——信息安全保密. 信息安全与通信保密, 2001, （8）: 16-18

[3] Wu T S, Zhao G. A novel risk assessment model for privacy security in internet of things. Wuhan University Journal of Natural Sciences, 2014, 19（5）: 398-404

[4] Weber R. Internet of things-new security and privacy challenges. Computer Law & Security Review, 2010, 26（8）: 23-30

[5] Feng D G, Zhang Y, Zhang Y Q. Survey of information security risk assessment. Journal of China Institute of Communications, 2004, 25（7）: 10-18

[6] 沈昌祥, 张焕国, 冯登国, 等. 信息安全综述. 中国科学: 信息科学, 2007, 37（2）: 129-150

[7] 曹珍富. 密码学的新发展. 四川大学学报: 工程科学版, 2015, 47（1）: 1-12

[8] 冯登国, 陈成. 属性密码学研究. 密码学报, 2014, 1（1）: 1-12

[9] 肖国镇，卢明欣，秦磊，等. 密码学的新领域——DNA 密码. 科学通报，2006，51（10）：1139-1144
[10] 刘传才. 量子密码学的研究进展. 小型微型计算机系统, 2003, 24（7）: 1202-1206
[11] 杨波. 现代密码学. 4 版. 北京：清华大学出版社, 2017
[12] 粟栗. 混合签密中的仲裁安全性研究. 武汉：华中科技大学, 2007
[13] Zheng Y. Digital signcryption or how to achieve cost （signature & encryption） << cost （signature）+ cost（encryption）// Proceedings of the CRYPYO'97, Lecture Notes in Computer Science Volume 1294. Berlin: Springer, 1997: 165-179
[14] Youn T, Hong D. Signcryption with fast online signing and short signcryptext for secure and private mobile communication. Science China: Information Sciences, 2012, 55（11）: 2530-2541
[15] Li F G, Takagi T. Secure identity-based signcryption in the standard model. Mathematical and Computer Modelling, 2013, 57（11-12）: 2685-2694
[16] Herranz J, Ruiz A, Sáez G G. Signcryption schemes with threshold unsigncryption and applications. Designs, Codes and Cryptography, 2014, 70（3）: 323-345
[17] Jin Z, Wen Q, Du H. An improved semantically-secure identity-based signcryption scheme in the standard model. Computers & Electrical Engineering, 2010, 36（3）: 545-552
[18] Kushwah P, Lal S. Provable secure identity based signcryption schemes without random oracles. International Journal of Network Security & its Applications, 2012, 4（3）: 97-110
[19] Li F, Liao Y, Qin Z. Analysis of an identity-based signcryption scheme in the standard model. IEICE Transactions, 2011, 94-A（1）: 268-269
[20] Zhang Z J, Mao J J. A novel identity-based multisigncryption scheme. Computer Communications, 2009, 32（1）: 14-18
[21] Zhou C X, Zhou W, Dong X W. Provable certificateless generalized signcryption scheme. Designs, Codes and Cryptography, 2014, 71（2）: 331-346
[22] Hu C, Zhang N, Li H, et al. Body area network security: a fuzzy attribute-based signcryption scheme. IEEE Journal on Selected Areas in Communications, 2013, 31（9）: 37-46
[23] 李建民，俞惠芳，赵晨. UC 安全的自认证盲签密协议. 计算机科学与探索，2017，11（6）：932-940
[24] 李慧贤，陈绪宝，巨龙飞，等. 改进的多接收者签密方案. 计算机研究与发展，2013，50（7）: 1418-1425
[25] Diffie W. The first ten years of public-key cryptography// Contemporary Cryptography, The Science of Information Integrity, IEEE Press, 1992:135-175
[26] Cramer C, Shoup V. Design and analysis of practical public-key encryption schemes secure against adaptive chosen ciphertext attack. SIAM Journal on Computing, 2004, 33（1）: 167-226
[27] 赖欣. 混合密码体制的理论研究与方案设计. 成都：西南交通大学, 2005
[28] Singh K. Identity-based hybrid signcryption revisited// Proceedings of the 2012 International Conference on Information Technology and E-Services, Washington, 2012: 34-39
[29] Sun Y X, Li H. ID-based signcryption KEM to multiple recipients. Chinese Journal of

Electronics, 2011, 20（2）: 317-322
[30] Li F G, Shirase M, Takagi T. Certificateless hybrid signcryption. Mathematical and Computer Modelling, 2013, 57（3-4）: 324-343
[31] Li X X, Qian H F, Yu Y, et al. Constructing practical signcryption KEM from standard assumptions without random oracles// Proceedings of the Applied Cryptography and Network Security, Lecture Notes in Computer Science Volume 7954, 2013: 186-201
[32] 赖欣，黄晓芳，何大可．基于身份的高效签密密钥封装方案．计算机研究与发展，2009，45（6）: 857-863
[33] 张串绒，张玉清．可证明安全签密方案及其混合结构．西安电子科技大学学报：自然科学版, 2009, 36（4）: 756-760
[34] 俞惠芳，杨波．可证安全的无证书混合签密．计算机学报, 2015, 38（4）: 804-813
[35] Yu H F, Yang B, Zhao Y, et al. Tag-KEM for self-certified ring signcryption. Journal of Computational Information Systems, 2013, 9（20）: 8061-8071
[36] Shamir A. Identity-based cryptosystem and signature scheme// Proceedings of the CRYPTO'84, California, USA, 1984: 47-53
[37] Al-Riyami S, Paterson K. Certificateless public key cryptography// Proceedings of the 9th International Conference on the Theory and Application of Cryptology and Information Security, Taipei, Taiwan, 2003: 452-474
[38] Girault M. Self-certified public keys//Proceedings of the Advances in Cryptology, EUROCRYPT'91, Lecture Notes in Computer Science Volume 547, 1991: 491-497.
[39] Abe M, Gennaro R, Kurosawa K. Tag-KEM/DEM: a new framework for hybrid encryption. Journal of Cryptology, 2008, （21）: 97-130
[40] Kurosawa K, Desmedt Y. A new paradigm of hybrid encryption scheme// Proceedings of the 24th Annual International Cryptology Conference, Santa Barbara, California, USA, 2004: 426-442
[41] Fujisaki E, Okamoto T. Secure integration of asymmetric and symmetric encryption schemes// Proceedings of the CRYPTO'99, Lecture Notes in Computer Science Volume 1666, 1999: 537-554
[42] Huang Q, Wong D. Generic certificateless encryption secure against malicious-but-passive KGC attacks in the standard model. Journal of Computer Science and Technology, 2010, 25（4）: 807-826
[43] 李继国，杨海珊，张亦辰．带标签的基于证书密钥封装机制．软件学报，2012，23（8）: 2163-2172
[44] Dent A. Hybrid signcryption schemes with insider security// Proceedings of the 10th Australasian Conference on Information Security and Privacy, Lecture Notes in Computer Science Volume 3574, Brisbane, Australia, 2005: 253-266
[45] Dent A. Hybrid signcryption schemes with outsider security// Proceedings of the 8th International Information Security Conference, Lecture Notes in Computer Science Volume 3650, Singapore, 2005: 203-217
[46] Han Y L, Yue Z L, Fang D Y, et al. New multivariate-based certificateless hybrid signcryption scheme for multi-recipient. Wuhan University Journal of Natural Sciences, 2014, 19（5）:

433-440
[47] Yu H F, Yang B. Low-computation certificateless hybrid signcryption scheme. Frontier of Information Technology & Electronic Engineering, 2017, 18（7）: 928-940
[48] 俞惠芳, 杨波. 使用 ECC 的身份混合签密方案. 软件学报, 2015, 26（12）: 3174-3182
[49] 黎忠文, 黎仁峰, 钟迪, 等. 一个高效的多方混合签密方案. 科学技术与工程, 2014, 14（17）: 83-87
[50] 孙银霞, 李晖. 高效无证书混合签密. 软件学报, 2011, 22（7）: 1690-1698
[51] 卢万谊, 韩益亮, 杨晓元, 等. 前向安全的可公开验证无证书混合签密方案. 小型微型计算机系统, 2013, 34（12）: 2814-2817

第 2 章　密码学基础

19 世纪德国数学大师高斯认为：数学是科学的皇后，数论是数学的皇后。数论本身的理论和方法具有使用价值，数论里的难题亦为现实生活提供了应用场所。数论密码是密码学中的主流学科。混合签密理论研究中需要用到数论、线性代数、近世代数、复杂性理论、组合论等数学理论，这些数学理论知识是混合签密理论不可或缺的工具。

本章主要介绍混合签密理论中用到的可证明安全性理论、随机预言机、归约、哈希函数、整数分解、离散对数、费尔马定理、欧拉定理、复杂性理论及几个典型的混合签密方案等。本章的内容为后续各章内容做了必要的准备。

2.1　可证明安全性理论

可证明安全性理论（Provably Secure Theory）在密码协议设计和分析中具有非常重要的作用，本节主要介绍可证明安全性理论的基本概念、随机预言机和随机预言模型方法论、哈希函数、费尔马定理、欧拉定理和复杂性理论。

2.1.1　随机预言机

随机预言机（Random Oracle）是指具有确定性、有效性和均匀输出的一个虚构函数，这说明现实中所知道的计算模型中没有如此强大的工具。随机预言机的概念源自于 Fiat 等[1]把哈希函数看作是随机函数的思想，后来进一步由研究者 Bellare 等[2]转化为随机预言模型。自那以后，国内外密码学家设计了许多在随机预言模型中可证明安全的密码方案。

Canetti 等[3]认为密码方案在随机预言模型中的安全性和通过哈希函数实现的安全性之间是没有必然的因果关系，即在随机预言模型中是可证明安全的密码方案，在任何具体实现的时候却是不安全的。可是 Pointcheval [4]等则认为没有人提出让人信服的随机预言模型的实际合法性的反例，这说明随机预言模型仍然以实现效率高的优势被密码学界广泛接受，而且随机预言模型是度量实际安全级别的一种好方法。可证明安全性理论与方法研究请参见文献[5]。

随机预言模型是从哈希函数抽象出来的一种安全模型，能够很好地模拟敌手的各种行为，允许将安全算法的安全性归约到相应的计算难题上。随机预言模型中加入了针对哈希函数的随机预言假设。一般将这种随机预言假设下归约得到的安全性称为随机预言模型中的可证明安全性。随机预言模型中的归约过程的具体表现形式为：第一，形式化定义密码方案的安全性，假设概率多项式时间的敌手能够以不可忽略的优势攻破密码方案的安全性；第二，挑战者提供给敌手一个与实际环境不可区分的模拟环境并且回答敌手关于所有随机预言机询问；第三，利用敌手的攻击结果解决某个数学难题。显而易见，可证明安全性理论一般是在计算复杂性的理论基础上加以研究和讨论的，主要考虑的是概率多项式时间的敌手、转化算法和可忽略的成功概率。

由于将哈希函数看作是理想的，在随机预言模型中被证明安全的密码方案，用实际的密码学安全的哈希函数实现的时候，不一定是可证明安全的。但是，在随机预言模型中被证明安全的密码方案肯定比那些尚未得到证明的密码方案还是让人放心得多。实际应用中的大多数密码方案只能在随机预言模型中进行证明，并且在随机预言模型中被证明安全的密码方案的计算复杂度往往是很低的。另一方面，现有的研究表明在标准模型中可证明安全的密码方案一般比随机预言模型中可证明安全的密码方案计算复杂度高。很多密码方案在标准模型中建立安全性归约是比较困难的，即证明在标准模型中的安全性是很困难的。虽然标准模型中密码方案的安全性证明更令人信服，但在随机预言模型下安全性归约过程中加入其他假设条件，这使得随机预言模型中的证明难度有所降低。随机预言模型中的安全证明除了哈希函数以外的环节都可以达到安全要求，目前大多数可证明安全的密码方案也是基于随机预言模型的。

由此可见，随机预言模型仍然被认为是可证明安全中最成功的实际应用。几乎所有的国际安全标准体系都要求提供至少在随机预言模型中可证明安全性的设计。现有可证明安全的密码方案的安全模型也大都是基于随机预言模型的。

2.1.2　安全性证明方法

可证明安全的密码方案具有随机预言模型（Random Oracle Model）中可证明安全的密码方案和标准模型（Standard Model）中可证明安全的密码方案两类[6]。在随机预言模型中，将密码学哈希函数看作是理想的，即当用定义域内的某个数询问该哈希函数的时候，从值域内随机选择一个值作为应答。使用相同的数询问的时候，应该使用值域相同的值进行应答。使用不同的值进行询问的时候，响应值也应该是完全相互独立的。在标准模型中，不假设哈希函数是理想的，而是采取一些标准的数论假设。目前，证明密码方案的安全性有两种方法[7]。

第一种方法：公布密码方案，看看是否有什么行之有效的方法可以攻破该密码方案。如果在一段时间内没有出现攻击者，说明该密码方案在这一段时间内是安全的。如果在其他时刻发现了安全缺陷问题，需要重新对密码方案执行补救措施，经过再次完善之后才能让客户使用。可能这一过程会反反复复进行。即使通过这种方式经过修复之后密码方案被完善了，也会增加使用者的使用成本，让人难以接受。

第二种方法：使用由 Goldwasser 和 Macali[8]提出的可证明安全性理论。可证明安全性理论开创了可证明安全性领域的先河，奠定了现代密码学理论的数学基础，是密码学和计算复杂性理论的天作之合。过去几十年，密码学的最大进展是将密码学建立在计算复杂性理论之上，并且正是计算复杂性理论将密码学从一门艺术发展为一门严格的科学。可证明安全实际上是一种归约方法：首先确定密码方案所要达到的安全目标，比如加密方案的安全目标是保密性，签名的安全目标是认证性；之后根据敌手的能力去定义一个形式化的攻击模型；最后指出该攻击模型与密码方案安全性之间的归约关系，即如果敌手能够成功攻破密码方案，则一定存在一种多项式算法在多项式时间内解决一个公认的数学难题，比如椭圆曲线离散对数问题或椭圆曲线计算 Diffie-Hellman 问题。在所定义的攻击模型中，根据密码分析者在攻击的过程中所获取信息的不同可以将攻击方式分为四种[9]。

1. 唯密文攻击

在唯密文攻击（Ciphertext Only Attack，COA）模型中，密码分析者需要掌握加密算法和截获的部分密文。唯密文攻击中密码分析者有一些信息的密文，这些信息都用同一加密算法加密。密码分析者的任务是恢复尽可能多的明文，或者最好是能推算出加密信息的密钥来，以便可以采用相同的密钥解出其他被加密的信息。

2. 已知明文攻击

在已知明文攻击（Known-Plaintext Attack，KPA）模型中，密码分析者需要掌握加密算法、截获的部分密文、一个或多个明文密文对。已知明文攻击中密码分析者掌握了一段明文和对应的密文，目的是发现加密的密钥。在实际应用中，获得某些密文所对应的明文是可能的。例如，电子邮件信头的格式总是固定的，如果加密电子邮件，则必然有一段密文对应于信头。

3. 选择明文攻击

在选择明文攻击（Chosen-Plaintext Attack，CPA）模型中，密码分析者需要掌握加密算法、截获的部分密文、自己选择的明文消息及由密钥产生的部分密文。选择明文攻击中密码分析者设法让对手加密一段分析者选定的明文并且获得加密后的结果，目的是确定加密的密钥。这比已知明文攻击更有效，因为密码分析者能选择特定的明文块去加密，那些块可能产生更多关于密钥的信息。

4. 选择密文攻击

在选择密文攻击（Chosen-Ciphertext Attack，CCA）模型中，密码分析者需要掌握加密算法、截获的部分密文、自己选择的密文消息和相应的被解密的明文。选择密文攻击中密码分析者事先任意搜集一定数量的密文，让这些密文透过被攻击的解密算法脱密，透过未知的密钥获得脱密后的明文。由此能够计算出加密者的私钥或分解模数，运用这些信息，密码分析者可以恢复所有的明文。

2.1.3　归约

归约（Reduction）是可证明安全性理论的最基本的推理方法。归约是指将一个密码方案的安全性问题归结为某一个或几个数学难题。例如，某个 RSA（取自其三位提出者 Rivest R、Shamir A、Adleman L 的姓氏首字母）密码方案可以通过攻击模型去分析其安全性。如果敌手在多项式时间内用一个不可忽略的概率可攻破密码方案，通过归约推导则可以构造出另外一个敌手使用另外一个不可忽略的概率解决 RSA 问题。由于 RSA 问题在选取一定安全参数的条件下是安全的，则可以从归约矛盾中反推出 RSA 密码方案是安全的。然而，有的时候在一种攻击模型定义下是安全的密码方案，在另一种攻击模型下却是不安全的。可证明安全性是近年来公钥密码学领域里的一个研究热点[10]。

使用可证明安全性的思想时，需要定义如下所述的密码方案安全目标的安全模型、困难问题假设和归约方法：

（1）安全模型保证了密码方案能够抵御主动攻击，安全模型由攻击行为和攻击目的两部分组成。攻击行为是指敌手想要达到目标时需要实施的行为。攻击目的是指敌手只有知道自己的目的才能通过某种行为达到成功。如果敌手在某一攻击行为下不能达到某一攻击目的，则可以认为密码方案在该敌手攻击下是安全的。

（2）困难问题假设是指实际中解决某一个数学困难问题是不可能的。

（3）归约方法是指构建一个挑战者，使得挑战者能利用敌手的攻击能力来解决一个数学困难问题实例，这也是可证明安全性理论的独特所在。挑战者能潜藏在敌手存在的某一环境中，利用敌手的攻击能力执行一个仿真过程并且通过敌手的帮助去解决一个数学困难问题实例。挑战者不会拥有真正的签名密钥和解密密钥，因而挑战者必须通过某一特权来执行所有的签名过程或者解密过程，这样可以弥补挑战者缺少密钥的不足。通过随机预言模型可以实现这个特权。

2.1.4 哈希函数

哈希函数（Hash Function）[5]又称散列函数或者杂凑函数，可以将任意长度的消息压缩成某一固定长度的消息摘要。哈希函数具有不带密钥的哈希函数和带密钥的哈希函数两类。不带密钥的哈希函数是输入串的函数，任何人都可以计算。带密钥的哈希函数是输入串和密钥的哈希函数，只有持有密钥的人才能够计算出哈希值。

定义 2.1 哈希函数用于将任意有限长度的二进制串映射为一个较短的、固定长度的二进制串。在密码学中，要求一个哈希函数通常满足如下几方面的性质。

（1）混合变换。对于任意输入 a，输出的哈希函数值 $H(a)$ 应当和区间 $\left[0,2^{|\ell|}\right]$ 中均匀分布的二进制串在计算上是不可区分的。在这里 $H(a)$ 表示 a 的哈希函数值，$|\ell|$ 表示哈希函数的输出长度。

（2）有效性。给定输入 a， $H(a)$ 的计算可以在关于 a 的长度规模的低阶多项式时间内完成。

（3）单向性（One-Way）。已知 b，求使得 $H(a)=b$ 的 a 在计算上是不可行的。

（4）抗弱碰撞性（Weak Collision Resistance）。已知 a，找到 b（$b \neq a$）满足 $H(b)=H(a)$ 在计算上是不可行的。

（5）抗强碰撞性（Strong Collision Resistance）。找出任意两个不同的输入 a,b，使得 $H(a)=H(b)$ 在计算上是不可行的。

第（1）条中的哈希函数混合变换性质要求输出的 $H(a)$ 应当和 $\left[0,2^{|\ell|}\right]$ 中的均匀分布在计算上是不可区分的。如果进一步假设输出的 $H(a)$ 在 $\left[0,2^{|\ell|}\right]$ 中是均匀的，则可以将 $H(a)$ 看作是随机预言机。第（2）条性质可用于消息认证。第（3）条是指由消息很容易计算出哈希函数值，但是由哈希函数值却不能计算出相应的消息。这条性质可用于秘密值的认证。第（4）条性质使得敌手找不到与给定消息具有相同哈希值的另一个消息。这条性质可用于消息摘要签名。如果允许敌手自己选择消息请求签名者签名，则可以使用第（5）条性质。碰撞性是指对于两个不同的消息 a,b，如果它们的哈希值相同，则说明发生了碰撞。事实上，可能的消息是无限的，可能的哈希值却是有限的，比如 SHA-1 可能的哈希值是 2^{160}。即不同的消息会产生相同的哈希值，也就是说碰撞是存在的，但人们要求敌手不能按要求找到一个碰撞。

哈希函数是实现密码学中消息认证和数字签名的重要工具。目前已有一些哈希函数（比如 MD5 和 SHA-1）能够快速地找到碰撞攻击的方法，因此，研究和设计更安全的哈希函数已经成为国内外密码学家的热点课题。

2.2　一些常用数学知识

数论的一个主要任务是研究整数（尤其是正整数）的性质。由于在研究这些整数的过程中，人们往往需要用到别的数学分支的技巧和知识，这样就诞生了代数数论、解析数论、组合数论、几何数论、概率数论甚至计算数论等分支学科。整数的性质复杂，难以琢磨，因而数论一直以来被认为是一门优美的纯之又纯的数学学科。美国著名数学家迪克森曾说过：感谢神使得数论没有被任何应用所玷污。20 世纪数学大师哈代也曾经说过：数论是一门与现实和战争无缘的纯数学学科。然而，这两位大数学家所说的并不完全符合今天的现实。在电子技术与计算机技术深入发展的今天，数论不仅仅是一门纯数学学科，同时也是一门应用性极强的数学学科，如今数论在诸如化学、物理、声学、生物、通信、电子，尤其是在密码学中有着深入而广泛的应用。

本节简单介绍混合签密理论中需要用到的整数分解、离散对数、双线性映射、费尔马定理、欧拉定理和复杂性理论。

2.2.1　整数分解

给定正整数 N，整数分解（Integer Factorization, IF）问题是求 n 的素因式分解 $n = p_1^{t_1} p_2^{t_2} \cdots p_\ell^{t_\ell}$，其中 $p_1, p_2, \cdots, p_\ell$ 互不相同，t_i 为 p_i 的个数。

整数分解问题在代数学、密码学、量子计算机和计算复杂性理论等领域中具有重要意义和使用价值。大整数因式分解最为有效的算法是数域筛选法。但是当整数足够大（大于 1024 比特）的时候，没有有效的概率多项式时间的算法能够求解大整数分解问题。模数大于 1024 比特的时候，使用大整数分解问题的 RSA 密码算法和 Rabin 密码算法是足够安全的。

整数分解问题引起了密码学家、数学家和计算机科学家的很大关注。原因是在信息安全领域得到广泛应用的 RSA 密码算法和 Rabin 密码算法是建立在整数分解问题的难解性上的。整数分解问题的今后研究方向是在现有分解算法的基础上寻求分解过程的进一步优化和设计高度并行化的算法。

2.2.2　费尔马定理和欧拉定理

费尔马（Fermat）定理和欧拉（Euler）定理在公钥密码体制中起着非常重

要的作用[11]。

1. 费尔马定理

定理 2.1（费尔马定理） 如果 p 是素数，a 是正整数并且 $\gcd(a,p)=1$，则 $a^{p-1}\equiv 1 \bmod p$。

费尔马定理也可以写成：设 p 是素数，a 是任一正整数，则 $a^p \equiv a \bmod p$。

2. 欧拉函数

设 n 为任意正整数，小于 n 并且与 n 互素的正整数的个数称为 n 的欧拉函数，记为 $\varphi(n)$，$\varphi(n)$ 称为欧拉函数（Euler Function）。

例 2.1 n 分别取 5,8,12，则

$\varphi(5)=4$，即 0,1,2,3,4 中，1,2,3,4 与 5 互素。

$\varphi(8)=4$，即 0,1,2,3,4,5,6,7 中，1,3,5,7 与 8 互素。

$\varphi(12)=4$，即 0,1,2,3,4,5,6,7,8,9,10,11 中，1,5,7,11 与 12 互素。

定理 2.2

（1）如果 n 是素数，则显然有 $\varphi(n)=n-1$。

（2）如果 n 是两个素数 p 和 q 的乘积，则 $\varphi(n)=\varphi(p)\times\varphi(q)=(p-1)\times(q-1)$。

（3）如果 n 有标准分解式 $n=p_1^{\beta_1}p_2^{\beta_2}\ldots p_t^{\beta_t}$，则

$$\varphi(n)=n\left(1-\frac{1}{p_1}\right)\left(1-\frac{1}{p_2}\right)\cdots\left(1-\frac{1}{p_t}\right)$$

例 2-2

$$\varphi(15)=\varphi(3)\times\varphi(5)=2\times 4=8$$

$$\varphi(72)=72\left(1-\frac{1}{2}\right)\left(1-\frac{1}{3}\right)=24$$

$$\varphi(120)=120\left(1-\frac{1}{2}\right)\left(1-\frac{1}{3}\right)\left(1-\frac{1}{5}\right)=32$$

3. 欧拉定理

定理 2.3（欧拉定理） 设 n 是大于 1 的整数，对于任意整数 a，如果 a 和 n 互素，则一定有 $a^{\varphi(n)}\equiv 1 \bmod n$。

2.2.3　离散对数

1. 指标

定义 2.2　设 p 是大于 1 的整数，a 是模 p 的一个原根。设 a 是一个与 p 互素的整数，则存在唯一的整数 r 使得

$$b \equiv a^r \bmod p,\ 1 \leqslant r \leqslant \varphi(p)$$

成立，这个整数 r 称为以 a 为底的 b 对模 p 的一个指标，记作 $r = \text{ind}_{a,p}(b)$。

指标具有如下 4 个性质：

（1）$\text{ind}_{a,p}(1) = 0$。

（2）$\text{ind}_{a,p}(a) = 1$。

（3）$\text{ind}_{a,p}(xy) = [\text{ind}_{a,p}(x) + \text{ind}_{a,p}(y)] \bmod \varphi(p)$。

（4）$\text{ind}_{a,p}(y^r) = [r \times \text{ind}_{a,p}(y)] \bmod \varphi(p)$。

2. 离散对数

从指标的性质可以看出，指标与对数的概念特别相似，将指标称为离散对数（Discrete Logarithm），如下所述。

设 p 是素数，a 是 p 的生成元，即 $a^1, a^2, \cdots, a^{p-1}$ 在模 p 下生成 1 到 p–1 的所有值，所以对 $\forall y \in \{1, 2, \cdots, p-1\}$，有唯一的 $x \in \{1, 2, \cdots, p-1\}$ 使得 $y = a^x \bmod p$。则称 x 是模 p 下以 g 为底的离散对数，记为 $x = \log a^y \bmod p$。

当 a、p、x 已知的时候，使用快速指数算法比较容易求出 y。然而，如果知道 a、p、y，求 x 则非常困难。科学家对目前计算机的计算能力经过充分估计和计算后发现，现有的指数演算法、Shanks 法和 Pollard 离散对数法随机选取的素数超过 1024 比特时都不能在可以接受的时间内完成。目前已知的最快的求解素域 $\mathbb{Z}_p$ 上的离散对数的算法的时间复杂度是

$$O\left(\exp\left((\ln p)^{\frac{1}{3}} \ln(\ln p)^{\frac{2}{3}}\right)\right)$$

所以当素数 p 很大时，该算法是不可行的。

2.2.4　双线性映射

双线性映射（Bilinear Map）可以通过有限域上的超椭圆曲线上的 Tate 配对或 Weil 配对来构造[9]。起初，双线性映射在密码学中仅仅用来攻击椭圆曲线密码系统和超椭圆曲线密码系统。目前双线性映射是构造公钥加密、公钥签密和混

合签密等密码方案的重要工具，也一直是国内外密码学家的研究热点。

设 p 是一个大素数，$\mathbb{G}_1$ 是一个阶为 p 的循环加法群，$\mathbb{G}_2$ 是一个具有相同阶的循环乘法群，$P \in \mathbb{G}_1$ 是群 $\mathbb{G}_1$ 的一个生成元。$\mathbb{G}_1$ 到 $\mathbb{G}_2$ 的双线性映射 $e: \mathbb{G}_1 \times \mathbb{G}_1 \rightarrow \mathbb{G}_2$ 满足下列几个性质：

（1）双线性。对任意的 $P \in \mathbb{G}_1$ 和 $a,b \in \mathbb{Z}_p$，有 $e(aP,bP) = e(P,P)^{ab}$。

（2）非退化性。$e(P,P) \neq 1$。映射不把 $\mathbb{G}_1 \times \mathbb{G}_1$ 中的所有元素对映射到 $\mathbb{G}_2$ 中的单位元。由于 $\mathbb{G}_1$ 和 $\mathbb{G}_2$ 都是阶为素数的群，这说明如果 P 是 $\mathbb{G}_1$ 的生成元，则 $e(P,P)$ 就是 $\mathbb{G}_2$ 的生成元。

（3）可计算性。对任意的 $P,Q \in \mathbb{G}_1$，存在一个有效算法可以在多项式时间内计算 $e(P,Q)$。

另外一种双线性映射描述为：设 p 是一个大素数，$<\mathbb{G}_1,\mathbb{G}_2,\mathbb{G}_3>$ 是三个阶均为 p 的乘法循环群，$g_1 \in \mathbb{G}_1$ 是群 $\mathbb{G}_1$ 的一个生成元，$g_2 \in \mathbb{G}_2$ 是群 $\mathbb{G}_2$ 的一个生成元，存在从 $\mathbb{G}_2$ 到 $\mathbb{G}_1$ 的一个同态映射 φ：$\mathbb{G}_2 \rightarrow \mathbb{G}_1$，满足 $\varphi(g_2) = g_1$。双线性映射 $e: \mathbb{G}_1 \times \mathbb{G}_2 \rightarrow \mathbb{G}_3$ 满足如下性质：

（1）双线性。对任意的 $P \in \mathbb{G}_1, Q \in \mathbb{G}_2$ 和 $a,b \in \mathbb{Z}_p$，有 $e(P^a,Q^b) = e(P,Q)^{ab}$。

（2）非退化性。$e(g_2,g_1) \neq 1$。

1. 双线性 Diffie-Hellman 问题

对任意未知的 $a,b,c \in \mathbb{Z}_p$，双线性 Diffie-Hellman（Bilinear Diffie-Hellman, BDH）问题是指给定 $<P,aP,bP,cP> \in \mathbb{G}_1$，计算 $e(P,P)^{abc} \in \mathbb{G}_2$。

定义 2.3（BDH 假设）　定义一个概率多项式时间敌手 $\mathcal{A}$ 解决 BDH 问题的优势是

$$\mathrm{Adv}_{\mathcal{A}}^{\mathrm{BDH}} = \Pr[\mathcal{A}(P,aP,bP,cP) = e(P,P)^{abc} \mid a,b,c \in \mathbb{Z}_p]$$

BDH 假设是指对于任何概率多项式时间敌手 $\mathcal{A}$，优势 $\mathrm{Adv}_{\mathcal{A}}^{\mathrm{BDH}}$ 是可以忽略不计的。这说明解决 BDH 问题在计算上是不可行的，即 BDH 问题是个难解问题。

2. 计算 Diffie-Hellman 问题

对任意未知的 $a,b \in \mathbb{Z}_p$，计算 Diffie-Hellman（Computational Diffie-Hellman，CDH）问题是指给定 $<P,aP,bP> \in \mathbb{G}_1$，计算 $abP \in \mathbb{G}_1$。

定义 2.4（CDH 假设） 定义一个概率多项式时间敌手 $\mathcal{A}$ 解决 CDH 问题的优势是

$$\mathrm{Adv}_{\mathcal{A}}^{\mathrm{CDH}} = \Pr[\mathcal{A}(P, aP, bP) = abP \mid a, b \in \mathbb{Z}_p]$$

CDH 假设是指对于任何概率多项式时间敌手 $\mathcal{A}$，优势 $\mathrm{Adv}_{\mathcal{A}}^{\mathrm{CDH}}$ 是可以忽略不计的。这说明解决 CDH 问题在计算上是不可行的。

3. 判定双线性 Diffie-Hellman 问题

对任意未知的 $a,b,c \in \mathbb{Z}_p$，判定双线性 Diffie-Hellman（Decisional Bilinear Diffie-Hellman，DBDH）问题是指给定 $< P, aP, bP, cP > \in \mathbb{G}_1$ 和 $z \in \mathbb{G}_2$，判断 $e(P,P)^{abc} = z$ 是否成立。

定义 2.5（DBDH 问题） 定义一个概率多项式时间敌手 $\mathcal{A}$ 解决 DBDH 问题的优势是

$$\begin{aligned}\mathrm{Adv}_{\mathcal{A}}^{\mathrm{DBDH}} =& |\Pr[\mathcal{A}\left(P, aP, bP, cP, e(P,P)^{abc}\right) = 1 \mid a,b,c \in \mathbb{Z}_p] \\ &- \Pr[\mathcal{A}(P, aP, bP, cP, z) = 1 \mid a,b,c \in \mathbb{Z}_p]|\end{aligned}$$

DBDH 假设是指对于任何概率多项式时间敌手 $\mathcal{A}$，优势 $\mathrm{Adv}_{\mathcal{A}}^{\mathrm{DBDH}}$ 是可以忽略不计的。这说明解决 DBDH 问题在计算上是不可行的。

4. 联合双线性 Diffie-Hellman 问题

对任意未知的 $a,b \in \mathbb{Z}_p$，联合双线性 Diffie-Hellman 问题（co-Bilinear Diffie-Hellman，co-BDH）是指给定 $< P, P^a, P^b > \in \mathbb{G}_1$，$Q \in \mathbb{G}_2$，计算 $e(P,Q)^{ab} \in \mathbb{G}_3$。

定义 2.6（co-BDH 假设） 定义一个概率多项式时间敌手 $\mathcal{A}$ 解决 co-BDH 问题是

$$\mathrm{Adv}_{\mathcal{A}}^{\text{co-BDH}} = \Pr[\mathcal{A}\left(P, P^a, P^b, Q\right) = e(P,Q)^{ab} \mid a,b \in \mathbb{Z}_p]$$

co-BDH 假设指的是对于任何概率多项式时间敌手 $\mathcal{A}$，优势 $\mathrm{Adv}_{\mathcal{A}}^{\text{co-BDH}}$ 是可以忽略不计的。这说明 co-BDH 问题在计算上是不可行的。

5. 联合判定双线性 Diffie-Hellman 问题

对任意未知的 $a,b \in \mathbb{Z}_p$，联合判定双线性 Diffie-Hellman（co-Decisional Bilinear Diffie-Hellman，co-DBDH）问题指的是给定 $< P, P^a, P^b > \in \mathbb{G}_1$，$Q \in \mathbb{G}_2$，

$u \in \mathbb{G}_3$，计算 $e(P,Q)^{ab} = u$。

定义 2.7（co-DBDH 假设） 定义一个概率多项式时间敌手 $\mathcal{A}$ 解决 co-DBDH 问题的优势是

$$\begin{aligned}\mathrm{Adv}_{\mathcal{A}}^{\text{co-DBDH}} =& |\Pr[\mathcal{A}\left(P,P^a,P^b,Q,u\right)=1 \mid a,b \in \mathbb{Z}_p] \\ & -\Pr[\mathcal{A}\left(P,P^a,P^b,Q,e\left(P,Q\right)^{ab}\right)=1 \mid a,b \in \mathbb{Z}_p]|\end{aligned}$$

co-DBDH 假设是指对于任何概率多项式时间敌手 $\mathcal{A}$，优势 $\mathrm{Adv}_{\mathcal{A}}^{\text{co-DBDH}}$ 是可以忽略不计的。这说明解决 co-DBDH 问题在计算上是不可行的。

6. 联合计算 Diffie-Hellman 问题

对任意未知的 $a \in \mathbb{Z}_p$，联合计算 Diffie-Hellman（co-Computational Diffie-Hellman，co-CDH）问题是指给定 $P, P^a \in \mathbb{G}_1$，$Q \in \mathbb{G}_2$，计算 $Q^a \in \mathbb{G}_2$。

定义 2.8（co-CDH 问题） 定义一个概率多项式时间敌手 $\mathcal{A}$ 解决 co-CDH 问题的优势是

$$\mathrm{Adv}_{\mathcal{A}}^{\text{co-CDH}} = \Pr[\mathcal{A}\left(P,P^a,Q\right)=Q^a \mid a \in \mathbb{Z}_p]$$

co-CDH 假设是指对于任何概率多项式时间敌手 $\mathcal{A}$，优势 $\mathrm{Adv}_{\mathcal{A}}^{\text{co-CDH}}$ 是可以忽略不计的。这说明解决 co-CDH 问题在计算上是不可行的。

上面的所提到的数论中的问题通常被看作是困难问题，目前还没有有效的算法解决这些困难问题，但是这些数学问题的困难程度是不一样的。一般来说，判定问题没有比计算问题更加困难，即如果能求解 CDH 问题，那么 DDH 问题就容易解决了；同样地，如果能求解 BDH 问题或者 co-BDH 问题，那么 DBDH 问题或者 co-DBDH 问题就容易解决了。

2.2.5 椭圆曲线密码系统

使用定义在椭圆曲线点群上的离散对数问题的难解性可设计椭圆曲线密码系统（Elliptic Curve Cryptosystem，ECC）。使用有限域上离散对数的加密和签名算法都可平移到椭圆曲线机制中来，只需要把模数乘法运算转换为椭圆曲线上的点的加法，把模幂运算转换为一个整数乘以曲线上的一个点即倍乘运算。ECC 本身具有的优点备受密码学家的关注并且取得了许多研究成果。

1. ECC 的优点

（1）安全性高。ECC 比基于有限域上的离散对数问题的公钥密码机制更安全，而且 ECC 也比 RSA 的安全性高。

（2）存储空间小、密钥长度短。ECC 的密钥长度和系统参数与 RSA 和 DSA 相比要小很多，160 比特 ECC 的密钥与 1024 比特 RSA 和 DSA 具有相同的安全强度。该优点说明 ECC 特别适合应用于存储空间和计算能力有限、带宽受限、要求高速实现的场合。为了保证 RSA/DSA 密码算法的安全性，其密钥长度需要一再增大，从而使得运算负担越来越重。相比之下，ECC 可用短得多的密钥获得同样的安全性，因此具有广泛的应用前景。ECC 和 RSA/DSA 在同等安全条件下各自所需的密钥长度如表 2.1 所示。

表 2.1　ECC 和 RSA/DSA 在同等安全条件下各自所需的密钥长度

RSA/DSA	512	768	1024	2048	21000
ECC	106	132	160	211	600

（3）运算速度快、算法灵活。在有限域确定的情况下，其上的循环群也就确定了，但是在有限域上的椭圆曲线可通过改变曲线参数得到不同的曲线，从而形成不同的循环群。由此可见，椭圆曲线具有丰富的群结构。在相同计算资源的情况下，ECC 在私钥的处理速度上，远比 RSA、DSA 快得多。ECC 的密钥生成速度比 RSA 快百倍以上。

2. ECC 的安全假设

（1）椭圆曲线离散对数问题。

已知具有素数阶 n 的椭圆曲线 E 上的两个点 B 和 C，椭圆曲线离散对数（Elliptic Curve Discrete Logarithm，ECDL）问题是指给定 $B = bC, b < n$，计算 b 的值。

定义 2.9（ECDL 假设）　定义一个概率多项式时间敌手 $\mathcal{A}$ 解决问题的优势是

$$\mathrm{Adv}_{\mathcal{A}}^{\mathrm{ECDL}} = \Pr[\mathcal{A}(C, B = bC) = b \mid b < n]$$

ECDL 假设是指对于任何概率多项式时间敌手 $\mathcal{A}$，$\mathrm{Adv}_{\mathcal{A}}^{\mathrm{ECDL}}$ 可以忽略不计。这说明 ECDL 问题在计算上是不可行的。

（2）椭圆曲线计算 Diffie-Hellman 问题。

设 P 是素数阶 n 的椭圆曲线 E 上的基点，对于任意未知的 a 和 b，椭圆曲线计算 Diffie-Hellman（Elliptic Curve Computation Diffie-Hellman, ECCDH）问题是指给定椭圆曲线 E 上的点 S=aP 及 Q=bP，计算 $R = abP$。

定义 2.10（ECCDH 假设）　定义一个概率多项式时间敌手 $\mathcal{A}$ 解决 ECCDH 问题的优势是

$$\mathrm{Adv}_{\mathcal{A}}^{\mathrm{ECCDH}} = \Pr[\mathcal{A}(P, S = aP, Q = bP) = R \mid a, b < n]$$

ECCDH 假设是指对于任何概率多项式时间敌手 $\mathcal{A}$，$\mathrm{Adv}_{\mathcal{A}}^{\mathrm{ECCDH}}$ 可以忽略不计。这说明 ECCDH 问题在计算上是不可行的。

（3）椭圆曲线判定 Diffie-Hellman 问题。

设 P 是素数阶 n 的椭圆曲线 E 上的基点，对于任意未知的 a,b,c，椭圆曲线判断 Diffie-Hellman（Elliptic Curve Decision Diffie-Hellman, ECDDH）问题是指给定椭圆曲线 E 上的点 $< aP, bP, cP >$，判断 $c = ab \bmod n$ 是否成立。

定义 2.11（ECDDH 假设） 定义一个概率多项式时间敌手 $\mathcal{A}$ 解决 ECDDH 问题的优势是

$$\begin{aligned}\mathrm{Adv}_{\mathcal{A}}^{\mathrm{ECDDH}} = &| \Pr[\mathcal{A}(P, aP, bP, abP) = 1 \mid a, b < n] \\ &- \Pr[\mathcal{A}(P, aP, bP, cP = 1) \mid a, b, c < n |\end{aligned}$$

ECDDH 假设是指对于任何概率多项式时间敌手 $\mathcal{A}$，$\mathrm{Adv}_{\mathcal{A}}^{\mathrm{ECCDH}}$ 可以忽略不计。这说明 ECDDH 问题在计算上是不可行的。

2.2.6　复杂性理论

复杂性理论使用数学方法对计算中所需的各种资源的耗费做定量分析，研究各类问题在计算复杂程度上的相互关系和基本性质。复杂性理论是计算理论在可计算理论之后的又一个重要发展。可计算理论研究区分哪些是可计算的，哪些是不可计算的，这里的可计算是理论上或原则上的可计算。而复杂性理论则进一步研究现实的可计算性，研究计算一个问题类需要多少时间、多少存储空间；研究哪些问题是现实可计算的，哪些问题虽然是理论可计算的，但由于计算复杂性太大而实际上是无法计算的。

复杂性理论是密码学的理论基础之一。绝大多数情况下，容易计算的问题比难计算的问题可取，因为求解容易问题的代价小。但是密码技术与众不同，特别需要难计算的问题。复杂性理论给密码研究人员指出了寻找难计算问题的方向，围绕这些问题已经设计出新的革命性的编码。当面临一个很难计算的问题的时候，有几种选择。首先，搞清楚问题困难的根源，可以做某些改动，使问题变得容易解决。其次，可能会求出不那么完美的解。在某些情况下，寻找问题的近似解相对容易一些。第三，有些问题仅仅在最坏的情况下是困难的，而在绝大多数情况下是容易的。最后，可以考虑其他类型的计算（比如随机计算）加速某些工作。复杂性理论正是指明当面对困难问题的时候应该如何选择的理论。复杂性理论直接影响到的一个应用领域是密码技术，利用复杂性理论设计安全实用的密码系统是目前密码学的一个研究趋势。

1. 算法的复杂性

一个密码系统是否安全取决于密码分析者破解该密码系统的时间和空间开销。如果在一个相当长的时间内，至少保证密码系统的保密功能有效的前提下，密码分析者无法破解，可以说这个密码系统是安全的。计算复杂性理论是密码分析的基础，提供了一种分析密码系统和算法的计算复杂性方法。算法的计算复杂性由求解问题所需要的运算次数决定，包含时间复杂度和空间复杂度。时间复杂度是指算法实现所需要的最大时间，空间复杂度是指算法实现所需要的最大空间。如果用 n 表示问题的大小或者输入长度，则计算复杂度可以用两个参数来表示：计算所用的时间 $T(n)$ 和存储空间 $S(n)$，它们都是 n 的函数。一般情况下，复杂度的大小使用级数的同级阶 $O(n)$ 来表示。例如，如果算法的时间复杂度是 $2n^2+5n+7$，则可表示成 $O(n^2)$。常见复杂度表示法有：第一，$O(1)$ 表示算法的时间复杂度是固定值，与输入值的大小无关；第二，$O(n^c)$（c 为常数）表示算法的计算时间与输入值大小成多项式的关系；第三，$O(c^{p(n)})$（$c>1$）表示算法的计算时间与输入值大小成指数阶的关系。

一个安全的密码系统，任何破译方法的时间复杂度必须与输入值大小成指数阶关系。当输入值很大的时候（$n>>0$），$O(c^{p(n)})$（$c>1$）的时间复杂度是上述时间复杂度中增长最快的。表 2.2 中列出了不同复杂度与所需要时间的关系[12]。

表 2.2　不同复杂度与所需时间的关系

算法类型	时间复杂度	操作次数	所需时间
常数	$O(1)$	1	1μs
线性	$O(n)$	10^6	1s
二次方	$O(n^2)$	10^{12}	11.6 天
三次方	$O(n^3)$	10^{18}	32000 年
指数	$O(2^n)$	10^{301030}	3×10^{301030} 年

注：$n=10^6$，运算速度 10^6 次/s 基本操作。

从表 2.2 中不难看出，指数时间算法仍然是较安全的，对密码系统而言，$O(2^n)$ 是最理想的情况。

2. 问题的复杂性

复杂性理论研究各种问题求解所需的时间和空间及如何尽可能节省这些资源。复杂性理论对问题的求解仿真在图灵机上执行，图灵机是一种有限状态机，具备无限长度的读写磁带。对于复杂度与输入值成多项式关系的问题，由于一般大小的输入值可以在合理的时间内求解，称这类问题是容易处理的。然而，多项式时间内无法求解的问题称为不容易处理的问题，即困难问题。

根据求解问题所需时间的不同，可以将可计算问题分为 P 问题、NP 问题和 NP 完全问题（NPC 问题）。P 问题是指能够在多项式时间内求解的问题。NP 是指能够在多项式时间内验证它的一个解的问题。可以在多项式时间内求解就一定可以在多项式时间内验证它。但是反过来不成立，因为求解比验证解更为困难。很显然有 $\mathrm{P} \subseteq \mathrm{NP}$。NPC 问题是指不存在任何已知的确定性算法在多项式时间内求解，即 NPC 问题是 NP 类问题中可以证明比其他问题困难的那一部分问题。

根据计算复杂性理论的研究，NPC 类问题是最难计算的一类问题，公钥密码的构造往往基于一个 NPC 问题，以使密码计算上是安全的。例如，McEliece 密码基于纠错码的一般译码是 NPC 问题；RSA 密码系统的安全性是建立在大整数分解困难问题之上的；MQ 密码基于多变量二次非线性方程组的求解问题是 NPC 问题；背包密码基于求解一般背包问题是 NPC 问题。

2.3　几个典型的混合签密方案

2.3.1　SL 混合签密方案

SL 混合签密方案[13]是个使用双线性对的无证书混合签密方案，其密文长度短、计算复杂度低，但可否认。最理想的情况最好是不可否认性和计算效率能够兼得[14]。SL 混合签密方案适合应用于计算资源少、带宽低的和不要求不可否认性的通信环境中。

1. 系统初始化

设 q 是 k 比特的一个大素数，$\mathbb{G}_1$ 是一个具有素数阶 q 的加法循环群，$\mathbb{G}_2$ 是相同阶的乘法循环群，$P \in \mathbb{G}_1$ 是加法循环群 $\mathbb{G}_1$ 的一个生成元，$e: \mathbb{G}_1 \times \mathbb{G}_1 \to \mathbb{G}_2$ 是一个双线性映射。密钥生成中心（KGC）选取密码学安全的哈希函数：$H_1:\{0,1\}^* \to \mathbb{G}_1$，$H_2:\mathbb{Z}_q^* \times \mathbb{G}_2 \times \mathbb{G}_1 \to \{0,1\}^\ell$，其中 ℓ 是 DEM 的对称密钥长度。KGC 随机选取主密钥 $s \in \mathbb{Z}_q^*$，计算系统公钥 $P_0 = sP$。最后，KGC 保密主密钥 s 但公布系统参数

$$\eta = < \mathbb{G}_1, \mathbb{G}_2, e, P, P_0, \ell, H_1, H_2 >$$

2. 部分私钥提取

给定系统参数η和用户身份 I_i（I_a 表示发送者的身份，I_b 表示接收者的身份），KGC 计算用户的部分私钥 $D_i = sH_1(I_i)$，之后发送该部分私钥给拥有身份 I_i 的用户。

3. 用户钥生成

拥有身份 I_i（I_a 表示发送者的身份，I_b 表示接收者的身份）的用户随机选取秘密值 $x_i \in \mathbb{Z}_q^*$，计算公钥 $P_i = x_i P$。

显而易见，拥有身份 I_a 的发送者的公私钥是 $< P_a, D_a, x_a >$，拥有身份 I_b 的接收者的公私钥是 $< P_b, D_b, x_b >$。

4. 签密

在签密阶段，拥有身份 I_a 的发送者计算消息 m 的一个密文 C，之后发送该密文给拥有身份 I_b 的接收者。具体操作如下：

（1）选取一个随机数 $r \in \mathbb{Z}_q^*$。

（2）设置 $U = r$。

（3）计算 $Q_r = H_1(I_b)$。

（4）计算 $\kappa = H_2(r, e(D_a, Q_b), x_a P_b)$。

（5）计算 $V = \text{DEM.Enc}(\kappa, m)$。

（6）输出密文 $C = (U, V)$。

5. 解签密

在解签密阶段，拥有身份 I_b 的接收者进行如下操作：

（1）计算 $Q_a = H_1(I_a)$。

（2）计算 $\kappa = H_2(U, e(Q_a, D_b), x_b P_a)$。

（3）计算 $m/\perp = \text{DEM.Dec}(\kappa, c)$。

2.3.2　LST 混合签密方案

Li 等[15]采用 CL-PKC 思想设计的 LST 混合签密方案的算法细节如下所述。

1. 系统初始化

设 q 是一个 k 比特的大素数，$\mathbb{G}_1$ 是一个具有素数阶 q 的加法循环群，$\mathbb{G}_2$ 是一个相同阶的乘法循环群，P 是$\mathbb{G}_1$的一个生成元，$e:\mathbb{G}_1\times\mathbb{G}_1\to\mathbb{G}_2$是一个双线性映射。密钥生成中心（KGC）选取如下 4 个密码学安全的哈希函数：$H_1:\{0,1\}^*\to\mathbb{G}_1$，$H_2:\{0,1\}^*\to\{0,1\}^n$，$H_3:\{0,1\}^*\to\mathbb{G}_1$，$H_4:\{0,1\}^*\to\mathbb{G}_1$，其中 n 是 DEM 的对称密钥长度。KGC 任意选取一个系统主密钥$s\in\mathbb{Z}_q^*$，计算系统公钥$P_{pub}=sP$。最后，KGC 保留 s 的秘密但公布系统参数

$$\rho=<\mathbb{G}_1,\mathbb{G}_2,e,P,P_{pub},n,H_1,H_2,H_3,H_4>$$

2. 部分钥生成

给定$<\rho,x,I_i>$（I_a 表示发送者的身份，I_b 表示接收者的身份），KGC 计算$Q_i=H_1(I_i)$和$D_i=sQ_i$，发送$<I_i,D_i>$给拥有身份 I_i 的用户，其中 D_i 是拥有身份 I_i 的用户的部分私钥。

3. 用户钥产生

拥有身份 I_i（I_a 表示发送者的身份，I_b 表示接收者的身份）的用户随机选取一个秘密值$x_i\in\mathbb{Z}_q^*$，计算公钥$P_i=x_iP$。则拥有身份 I_i 的用户的完整私钥是$S_i=<x_i,D_i>$。

显而易见，拥有身份 I_a 的发送者的公私钥是$<P_a,S_a>$，拥有身份 I_b 的接收者的公私钥是$<P_b,S_b>$。

4. 签密

在签密阶段，拥有身份 I_a 的发送者选取一个随机数$r\in\mathbb{Z}_q^*$，产生消息 m 的一个密文 C，之后输出该密文给拥有身份 I_b 的接收者。具体的操作如下：

（1）计算$U=rP$。

（2）计算$T=e(P_{pub},Q_b)^r$。

（3）计算$\kappa=H_2(U,T,rP_b,I_b,P_b)$。

（4）计算$c=\text{DEM.Enc}(\kappa,m)$。

（5）计算$H=H_3(U,m,I_a,P_a)$。

（6）计算$H'=H_4(U,m,I_a,P_a)$。

（7）计算$W=rH+x_aH'+D_a$。

（8）输出密文$C=(c,U,W)$。

5. 解签密

给定$<\rho,C,I_a,I_b,P_a,S_b>$，拥有身份 I_b 的接收者操作如下：

（1）计算 $T=e(U,D_b)$。

（2）计算 $\kappa=H_2(U,T,x_bU,I_b,P_b)$。

（3）计算 $m=\text{DEM.Dec}(\kappa,c)$。

（4）计算 $H=H_3(U,m,I_a,P_a)$。

（5）计算 $H'=H_4(U,m,I_a,P_a)$。

（6）检查等式 $e(P,W)=e(U,H)e(P_a,H')e(P_{pub},Q_a)$ 是否成立。如果成立，接受明文 m；否则，输出符号 $\perp$。

2.3.3　Singh 混合签密方案

Singh 设计的混合签密方案[16]的算法模块如下所述。

1. 系统初始化

设 q 是一个 k 比特的大素数，$\mathbb{G}_1$ 是一个具有素数阶 q 的加法循环群，$\mathbb{G}_2$ 是一个相同阶的乘法循环群，P 是 $\mathbb{G}_1$ 的一个生成元，$e:\mathbb{G}_1\times\mathbb{G}_1\to\mathbb{G}_2$ 是一个双线性映射。私钥生成器（PKG）选取密码学安全的哈希函数：$H_1:\{0,1\}^*\to\mathbb{G}_1$，$H_2:\mathbb{G}_2\to\{0,1\}^n$，$H_3:\{0,1\}^*\times\mathbb{G}_2\to\mathbb{Z}_q$，其中 n 是 DEM 的对称密钥长度。之后 PKG 任意选取主密钥 $s\in\mathbb{Z}_q^*$，计算系统公钥 $P_{pub}=sP$。最后，PKG 保密主密钥 s 但公开系统参数

$$\eta=<\mathbb{G}_1,\mathbb{G}_2,e,P,P_{pub},n,H_1,H_2,H_3>$$

2. 用户钥生成

PKG 计算拥有身份 I_a 的发送者的公钥 $Q_a=H_1(I_a)$ 和私钥 $d_a=sQ_a$。

同样地，PKG 计算拥有身份 I_b 的接收者的公钥 $Q_b=H_1(I_b)$ 和私钥 $d_b=sQ_b$。

3. 签密

在签密阶段，拥有身份 I_a 的发送者任意选取 $x\in\mathbb{Z}_q^*$，计算消息 m 的一个密文 C，之后输出给拥有身份 I_b 的接收者。具体的操作如下：

（1）计算 $Q_b=H_1(I_b)$。

（2）计算 $\kappa_1=e(P,P_{pub})^x$。

（3）计算 $\kappa_2=H_2\left(e(P_{pub},Q_b)^x\right)$。

（4）计算 $\kappa = (\kappa_1, \kappa_2)$。
（5）计算 $c = \text{DEM.Enc}(\kappa_2, m)$。
（6）计算 $r = H_3(m, \kappa_1)$。
（7）计算 $t = xP_{pub} - rd_a$。
（8）输出密文 $C = (c, r, t)$。

4. 解签密

给定 $< \eta, C, I_a, I_b, P_a, d_b >$，拥有身份 I_b 的接收者操作如下：
（1）计算 $Q_a = H_1(I_a)$。
（2）计算 $\kappa_1 = e(P, t)e(P_{pub}, Q_a)^r$。
（3）计算 $\kappa_2 = H_2\left(e(t, Q_b)(Q_a, d_b)^r\right)$。
（4）计算 $\kappa = (\kappa_1, \kappa_2)$。
（5）恢复 $m = \text{DEM.Dec}(\kappa_2, c)$。
（6）检查验证等式 $r = H_3(m, \kappa_1)$ 是否成立。如果成立，表明密文有效；否则，表明密文无效。

2.3.4 Dent 内部安全的混合签密方案

Dent 设计的内部安全的混合签密方案[17]的算法细节如下所述。

1. 系统初始化

设 p 是一个 k 比特的大素数，q 是一个满足 $(p-1)|q$ 的大素数，g 是具有素数阶 q 的 $\mathbb{Z}_p^*$ 的一个生成元。$H_1:\{0,1\}^* \times \mathbb{G} \to \mathbb{Z}_p^*$，$H_2:\mathbb{G} \to \{0,1\}^n$ 是密码学安全的哈希函数，其中 n 是 DEM 的密钥长度。最后，可信机构公布系统参数

$$\rho =< \mathbb{G}, p, q, g, n, H_1, H_2 >$$

2. 用户钥产生

可信机构选取一个随机数 $x_a \in \{1, 2, \cdots, q\}$，计算发送者的公钥 $P_a = g^{x_a}$。
同样地，可信机构选取一个随机数 $x_b \in \{1, 2, \cdots, q\}$，计算接收者的公钥 $P_b = g^{x_b}$。

3. 签密

在签密阶段，发送者选取一个随机数 $t \in \{1, 2, \cdots, q\}$，并且通过实施如下步骤

得到消息 m 的一个密文 C：

（1）计算 $X = P_b^t \bmod p$。

（2）计算 $R = H_1(m \| X)$。

（3）计算 $S = t/(R + x_a)$。

（4）计算 $\kappa = H_2(X)$。

（5）计算 $c = \text{DEM.Enc}(\kappa, m)$。

（6）输出密文 $C = (c, R, S)$。

4. 解签密

给定 $\langle \rho, C, P_a, P_b, x_b \rangle$，接收者操作如下：

（1）计算 $X = \left(P_a \cdot g^R\right)^{S \cdot x_a} \bmod p$。

（2）计算 $\kappa = H_2(X)$。

（3）计算 $m = \text{DEM.Dec}(\kappa, c)$。

（4）检查验证等式 $R = H_1(m \| X)$ 是否成立。如果成立，说明该密文 C 是有效的；否则，输出符号 $\perp$。

2.3.5 Dent 外部安全的混合签密方案

Dent 设计的外部安全的混合签密方案[18]的算法细节如下所述。

1. 系统初始化

给定一个 k 比特的大素数 q，$\mathbb{G}$ 是一个具有素数阶 q 的加法循环群，P 是加法群 $\mathbb{G}$ 的一个生成元。$H:\mathbb{G} \to \{0,1\}^n$ 是密码学安全的哈希函数，其中 n 是 DEM 的密钥长度。最后，可信机构公布系统参数

$$\rho = < \mathbb{G}, P, q, n, H >$$

2. 用户钥产生

可信机构选取一个秘密值 $s \in \{1, 2, \cdots, q-1\}$，计算发送者的公钥 $P_a = sP$。

同样地，可信机构选取一个秘密值 $r \in \{1, 2, \cdots, q-1\}$，计算接收者的公钥 $P_b = rP$。

3. 签密

在签密阶段，发送者任意选取 $t \in \{1, 2, \cdots, q-1\}$，通过如下具体操作计算消息 m 的一个密文 C：

（1）计算 $C_1 = tP$ 。
（2）计算 $\kappa = H(sP_b + tP)$。
（3）计算 $c = \text{DEM.Enc}(\kappa, m)$ 。
（4）输出密文 $C = (c, C_1)$。

4. 解签密

在解签密阶段，接收者收到密文 C 之后进行如下操作：
（1）计算 $\kappa' = H(rP_a + C_1)$。
（2）计算 $m = \text{DEM.Dec}(\kappa', c)$。
（3）验证 $\kappa' = \kappa$ 是否成立。如果成立，接受明文 m；否则，输出符号 $\perp$ 。

2.3.6　BD 混合签密方案

BD 混合签密方案[19]的算法模块如下所述。

1. 系统初始化

设 q 是一个 k 比特的大素数，g 是具有素数阶 q 的循环群 $\mathbb{G}$ 的一个生成元。$H_1 : \{0,1\}^* \times \mathbb{G}^6 \to \mathbb{Z}_p$，$H_2 : \mathbb{G} \to \{0,1\}^t$，$H_3 : \mathbb{G} \to \mathbb{G}$ 是密码学安全的哈希函数，其中 t 是 DEM 的密钥长度。最后，可信机构公布系统参数

$$\rho =< q, \mathbb{G}, g, n, H_1, H_2, H_3 >$$

2. 用户钥产生

可信机构选择一个随机数 $sk_a \in \mathbb{Z}_p$，计算发送者的公钥 $pk_a = g^{sk_a}$ 。
同样地，可信机构选择一个随机数 $sk_b \in \mathbb{Z}_p$，计算接收者的公钥 $pk_b = g^{sk_b}$ 。

3. 签密

在签密阶段，发送者选取一个随机数 $n \in \mathbb{Z}_p$，并且通过如下的具体操作得到消息 m 的一个密文 C：
（1）计算 $u = pk_b{}^n$ 。
（2）计算 $\kappa = H_2(u)$。
（3）计算 $c = \text{DEM.Enc}(\kappa, m)$ 。
（4）计算 $h = H_3(u)$。

（5）计算 $z = h^{sk_a}$，$\upsilon = h^n$。
（6）计算 $r = H_1(pk_a, pk_b, m, g, z, h, u, \upsilon)$。
（7）计算 $s = n + c \cdot sk_a \bmod q$。
（8）输出密文 $C = (z, c, r, s)$。

4. 解签密

在解签密阶段，接收者收到密文 C 之后操作如下：
（1）计算 $u = \left(pk_a{}^{-r} \cdot g^s\right)^{sk_b}$。
（2）计算 $h = H_3(u)$。
（3）恢复出明文 $m = \mathrm{DEM.Dec}(\kappa, c)$。
（4）计算 $\upsilon = h^s \cdot z^{-c}$。
（5）计算 $r' = H_1(pk_a, pk_b, m, g, z, h, u, \upsilon)$。
（6）验证 $r' = r$ 是否成立。如果成立，接受明文 m；否则，输出符号 $\perp$。

2.5　本 章 小 结

数学是一切自然科学的理论基础，当然也是密码学与信息安全的理论基础。可证明安全性理论中，密码方案的安全性依赖于某一个或几个数学问题的难解性。如果使用合理的计算资源而找不到一个数学问题求解的算法，则认为该数学问题是困难的。密码学中的加密、解密、破译等问题与数论难解问题的求解联系在一起。密码难以破译是因为数论问题难解。由此可见，设计一个密码就是设计一个数学函数，而破译一个密码就是求解一个数学难题。

如果要保证 RSA/DSA 密码算法的安全性，其密码长度需要一再增大，但这使得它的运算负担也越来越大。而椭圆曲线密码系统可用短得多的密钥获得同样的安全性，因而具有广泛的应用前景。

参 考 文 献

[1] Fiat A, Shamir A. How to prove yourself: practical solution to identification and signature problems// Proceedings of the Conference on the Theory and Application of Cryptographic Techniques,CRYPTO'86. Berlin: Springer, 1986: 186-194
[2] Bellare M, Rogaway P. Random oracles are practical: a paradigm for designing efficient protocols// Proceedings of the 1st ACM Conference on Computer and Communication Security. New York: ACM Press, 1993: 62-73
[3] Canetti R, Goldreich O, Halevi S. The random oracle methodlogy revisited. Journal of the ACM,

2004, 51（4）:557-594
[4] Pointcheval D. Asymmetric cryptography and practical security. Journal of Telecommunications and Information Technology, 2002, （4）: 41-56
[5] 冯登国. 可证明安全性理论与方法研究. 软件学报, 2005, 16（10）: 1743-1756
[6] 何大可, 彭代渊, 唐小虎, 等. 现代密码学. 北京: 人民邮电出版社, 2009
[7] 解英. 标准模型下可证安全的签密方案研究. 哈尔滨: 哈尔滨理工大学, 2012
[8] Goldwasser S, Micali S. Probabilistic encryption. Journal of Computer and System Sciences, 1984, 28: 270-299
[9] 杨波. 现代密码学. 4 版. 北京: 清华大学出版社, 2017
[10] Rivest R, Shamir A, Adleman L. A method for obtaining digital signatures and public-key cryptosystems. Communications of the ACM, 1978, 21（2）: 120-126
[11] 陈恭亮. 信息安全数学基础. 2 版. 北京: 清华大学出版社, 2014
[12] 孙淑玲. 应用密码学. 北京: 清华大学出版社, 2004
[13] 孙银霞, 李晖. 高效无证书混合签密. 软件学报, 2011, 22（7）: 1690-1698
[14] An J H, Dodis Y, Rabin T. On the security of joint signature and encryption// Proceedings of the EUROCRYPT'02, Lecture Notes in Computer Science Volume 2332. Berlin: Springer, 2002: 83-107
[15] Li F G, Shirase M, Takagi T. Certificateless hybrid signcryption. Mathematical and Computer Modelling, 2013, 57（3-4）: 324-343
[16] Singh K. Identity-based hybrid signcryption revisited// Proceedings of the 2012 International Conference on Information Technology and E-Services, Washington, 2012: 34-39
[17] Dent A. Hybrid signcryption schemes with insider security// Proceedings of the 10th Australasian Conference on Information Security and Privacy, Lecture Notes in Computer Science Volume 3574, Brisbane, Australia, 2005: 253-266
[18] Dent A. Hybrid signcryption schemes with outsider security// Proceedings of the 8th International Information Security Conference, Lecture Notes in Computer Science Volume 3650, Singapore, 2005: 203-217
[19] BjΦorsted T, Dent A. Building better signcryption schemes with Tag-KEMs// Proceedings of the International Conference on Theory and Practice of Public-Key Cryptography. Berlin: Springer, 2006:491-507

第3章　IBHS 方案

3.1　引　言

传统的公钥密码系统（TPKC）中的证书管理过程往往需要很大的存储开销和计算开销。TPKC 通过私钥计算得到公钥，通过可信机构分发的公钥证书实现用户公钥和用户身份的关联。密钥管理是传统的公钥基础设施中最复杂的问题，基于身份的密码系统[1]恰恰可以克服密钥管理问题。

在基于身份的公钥密码系统（IB-PKC）中，不需要公钥目录（或取消了公钥证书），减少了公钥证书的存储和合法性验证；用户公钥可以根据自己的姓名、电话号码、身份证号等信息直接计算出来，用户私钥由私钥生成器（PKG）生成，在这里 PKG 知道所有用户的私钥，这意味着 PKG 必须是诚实可信的；任意两个用户都可以安全通信，不需要交换公钥证书，也不必使用在线的可信第三方，只需要一个可信的 PKG 为每个第一次加入系统的用户发送一个私钥即可；消息加密或签名验证过程只需接收者或签名者的身份信息加上一些系统参数。IB-PKC 克服了 TPKC 负担最重的密钥管理过程，在密钥分发等方面远远优于 TPKC。IB-PKC 只需要维护 PKG 生成的公开系统参数目录，此开销远远低于维护所有用户公钥目录所需开销。

目前基于身份的签密（Identity-Based Signcryption，IBS）方案大多都是使用双线性对提出的[2-15]，而且加密和签名过程都是使用公钥技术实现的。公钥环境下的 IBS 方案要求被传输的消息取自某个特定集合，从而限制了需要处理的消息长度。在这种情况下，可以签密任意长度消息的基于身份的混合签密（Identity-Based Hybrid Signcryption，IBHS）方案应运而生了。IBHS 方案由身份签密 KEM（Identity-Based Signcryption KEM，IBS-KEM）和 DEM 两个独立的模块组成，这两部分的安全性可以分开研究。2009 年，Li 等[16]提出了一个 IBHS 方案，但是只证明了不可区分性。2011 年，Sun 等[17]设计了一个具有多个接收者的 IBHS 方案，其安全性依赖于间隙双线性 Diffie-Hellman 问题和计算 Diffie-Hellman 问题的难解性。2012 年，Singh[18]提出了一个可证明安全的 IBHS 方案。

本章采用三个相同素数阶的乘法循环群设计了一个实用的 IBHS 方案，进而形式化定义了一个 IBHS 方案的算法模型和安全模型。然后给出一个实用的 IBHS

实例方案[19]，也在随机预言模型下证明了 IBHS 实例方案具有自适应选择密文攻击下的不可区分性和自适应选择明文攻击下的存在性不可伪造。通过性能分析发现，本章的 IBHS 实例方案在签密阶段和解签密阶段的计算复杂度明显低于已有类似密码方案，是一个用较低的计算复杂度实现较高安全性的混合签密方案。

3.2　形式化定义

3.2.1　算法定义

一个基于身份的混合签密（IBHS）方案由系统初始化、密钥生成、签密和解签密 4 个概率多项式时间的算法组成。

1. 系统初始化

由私钥生成器（PKG）运行该系统初始化算法。给定一个安全参数 k，输出的是系统参数 η 和主密钥 x。

2. 密钥生成

由 PKG 运行该用户钥生成算法。给定用户身份 id_i（id_a 表示发送者的身份，id_b 表示接收者的身份），输出的是拥有身份 id_i 的用户私钥 s_i 和公钥 y_i。

3. 签密

由拥有身份 id_a 的发送者运行该签密算法。给定 $<\eta, id_a, id_b, m, s_a, y_a, y_b>$，输出的是由发送者计算出的消息 m 的一个密文 C。

4. 解签密

由拥有身份 id_b 的接收者运行该解签密算法。给定 $<\eta, id_a, id_b, C, s_a, y_a, y_b>$，接收者根据验证等式是否成立决定输出恢复出的明文 m 还是表示解签密失败的符号 $\perp$。

3.2.2　安全模型

本节给出了 IBHS 方案的形式化安全定义。一个 IBHS 方案应该满足适应性选择密文攻击下的不可区分性（Indistinguishability Against Chosen-Ciphertext Attacks，IND-CCA2）和适应性选择明文攻击下的不可伪造性（Existential Unforgeability Against Chosen-Message Attacks，UF-CMA）。模型中不允许进行

发送者身份和接收者身份相同的询问[18,20,21]。

1. 保密性

保密性（Confidentiality）是指攻击者从一个密文中获取任何明文信息在计算上是不可行的。

为了保证保密性，在这里采用适应性选择密文攻击下的不可区分性安全模型，具体的描述中需要考虑挑战者 Γ 和敌手 $\mathcal{A}$ 之间进行的如下交互游戏 IND-IBHS-CCA2。

在交互游戏开始的时候，Γ 运行系统初始化算法得到系统参数 η 和主密钥 x。最后，Γ 发送 η 给 $\mathcal{A}$，但是保密 x。

阶段 1。$\mathcal{A}$ 发出如下多项式有界次适应性询问。每次询问依赖于以前询问的应答。

私钥询问：在任何时候，$\mathcal{A}$ 都可以发出对身份 id_i（i 是 a 或 b）的私钥提取询问。Γ 运行密钥生成算法得到一个私钥 s_i，然后发送该私钥给 $\mathcal{A}$。

签密询问：在任何时候，$\mathcal{A}$ 都可以提交对消息 m、发送者身份 id_a 和接收者身份 id_b 的签密询问。Γ 运行签密算法得到消息 m 的一个密文 C，然后发送该密文给 $\mathcal{A}$。

解签密询问：在任何时候，$\mathcal{A}$ 都可以提交对密文 C、发送者身份 id_a 和接收者身份 id_b 的解签密询问。Γ 运行解签密算法得到一个结果，之后输出该结果给 $\mathcal{A}$。

挑战。在阶段 1 结束的时候，$\mathcal{A}$ 选取长度相同的消息 $<m_0, m_1>$ 和希望挑战的发送者身份 id_a^* 和接收者身份 id_b^*。在阶段 1，$\mathcal{A}$ 不能进行身份 id_b^* 的私钥提取询问。

Γ 搜索相关的列表得到 $<s_a^*, y_a^*, y_b^*>$ 并且任意选取 $\theta \in \{0,1\}$，之后输出计算得到的挑战密文

$$C^* = \text{Signcrypt}\left(\eta, id_a^*, id_b^*, m_\theta, s_a^*, y_a^*, y_b^*\right)$$

阶段 2。$\mathcal{A}$ 像阶段 1 那样继续发出多项式有界次适应性询问，Γ 也像阶段 1 那样对适应性询问做出应答。受限条件是：第一，$\mathcal{A}$ 不能提取身份 id_b^* 的私钥；第二，$\mathcal{A}$ 也不能对挑战密文 C^* 进行解签密询问。

在敌手 $\mathcal{A}$ 决定结束交互游戏的时候，输出 θ 的一个猜测 θ^*。如果 $\theta^* = \theta$，则意味着 $\mathcal{A}$ 取得成功。

$\mathcal{A}$ 在 IND-IBHS-CCA2 中的获胜优势可定义为安全参数 k 的函数

$$\text{Adv}_{\mathcal{A}}^{\text{IND-IBHS-CCA2}}(k) = |\Pr[\theta^* = \theta] - 1/2|$$

定义 3.1　如果任何多项式有界的敌手 $\mathcal{A}$ 赢得 IND-IBHS-CCA2 的优势是可忽略的，则称一个 IBHS 方案在适应性选择密文攻击下具有不可区分性。

为了直观，一个 IBHS 方案的 IND-IBHS-CCA2（保密性）安全模型可用图 3-1 表示。

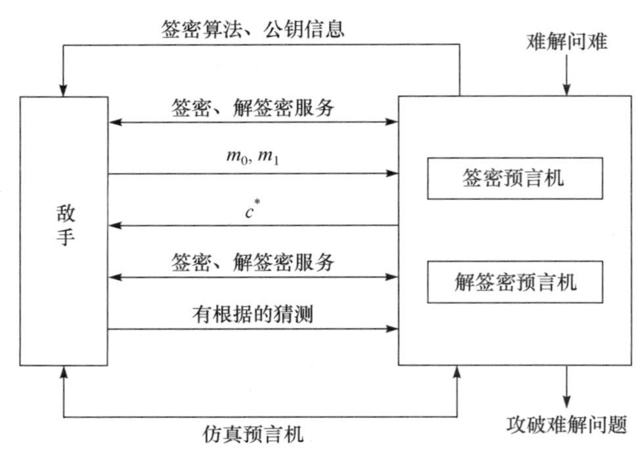

图 3-1　IND-IBHS-CCA2 安全模型

2. 不可伪造性

不可伪造性（Unforgeability）指的是发送者不能否认对消息签名的事实，即攻击者产生一个合法的签名在计算上是不可行的。

为了保证不可伪造性，在这里采用适应性选择明文攻击下的存在性不可伪造安全模型，具体描述中需考虑如下挑战者 Γ 和伪造者 $\mathcal{F}$ 之间执行的交互游戏 UF-IBHS-CMA。

在交互游戏开始的时候，Γ 调用系统初始化算法获得系统参数 η 和主密钥 x。Γ 发送 η 给 $\mathcal{F}$，但是保留 x。

训练。在这个阶段，$\mathcal{F}$ 像 IND-IBHS-CCA2 中的阶段 1 那样发出多项式有界次的适应性询问。Γ 做出的反应完全相同于 IND-IBHS-CCA2 中的阶段 1。

伪造。在训练阶段结束的时候，$\mathcal{F}$ 输出给挑战者 Γ 一个伪造的三元组 $<id_a^*, id_b^*, C^*>$，在这里 $<id_a^*, id_b^*>$ 分别是发送者和接收者的身份。在训练阶段：第一，$\mathcal{F}$ 不能请求身份 id_a^* 的私钥提取询问；第二，C^* 不能是来自 $\mathcal{F}$ 对某个 $<id_a^*, id_b^*, m^*>$ 签密询问的应答。$\mathcal{F}$ 可以从相关的列表中搜索到 $<s_a^*, y_a^*, y_b^*>$，如果

$$C^* = \text{Unsigncrypt}\left(\eta, id_a^*, id_b^*, C^*, s_b^*, y_a^*, y_b^*\right)$$

的结果不是符号⊥，则 $\mathcal{F}$ 赢得 UF-IBHS-CMA。

如果 Win 表示伪造者 $\mathcal{F}$ 在 UF-IBHS-CMA 中伪造成功的事件，则 $\mathcal{F}$ 在 UF-IBHS-CMA 中获胜优势可以定义为

$$\mathrm{Adv}_{\mathcal{F}}^{\text{IND-IBHS-CCA2}}(k)=|\,\mathrm{Win}\,|$$

定义 3.2　如果任何多项式有界的伪造者 $\mathcal{F}$ 赢得 UF-IBHS-CMA 的优势是可忽略的，则称一个 IBHS 方案在适应性选择消息攻击下具有不可伪造性。

为了直观，一个 IBHS 方案的 UF-IBHS-CMA（不可伪造性）安全模型可用图 3-2 表示。

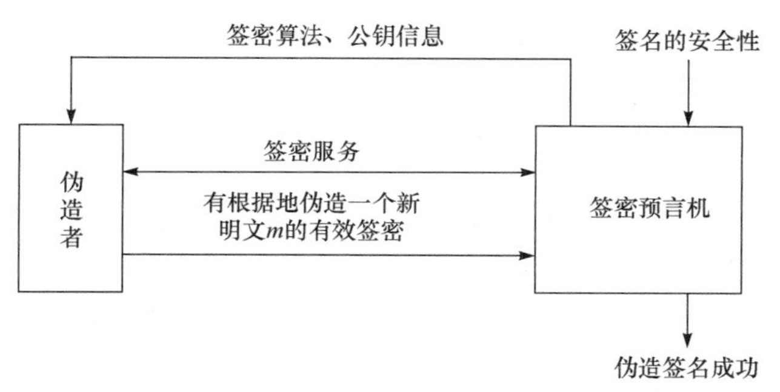

图 3-2　UF-IBHS-CMA 安全模型

3.3　IBHS 实例方案

本节给出了一个实用的 IBHS 实例方案，每个算法模块的细节如下所述。

1. 系统设置

设 $<\mathbb{G}_1,\mathbb{G}_2,\mathbb{G}_3>$ 是三个阶为 k 比特的大素数 p 的乘法循环群，$P\in\mathbb{G}_1$ 是群 $\mathbb{G}_1$ 的一个生成元，存在从 $\mathbb{G}_2$ 到 $\mathbb{G}_1$ 的同构并且 $\varphi(g_2)=g_1$，$e:\mathbb{G}_1\times\mathbb{G}_2\to\mathbb{G}_3$ 是一个双线性映射。PKG 随机选取系统主密钥 $x\in\mathbb{Z}_p$，计算系统公钥 $y=P^x\in\mathbb{G}_1$。$<H_1,H_2,H_3,H_4>$ 是密码学安全的哈希函数：$H_1:\{0,1\}^*\to\mathbb{G}_2$，$H_2:\mathbb{G}_1\times\mathbb{G}_3\to\{0,1\}^n$，$H_3:\{0,1\}^n\times\mathbb{G}_1\times\mathbb{G}_2{}^2\times\mathbb{G}_3\to\{0,1\}^n$，$H_4:\{0,1\}^n\times\mathbb{G}_1\times\mathbb{G}_2{}^2\times\mathbb{G}_3\to\mathbb{G}_2$，在这里 n 是 DEM 的密钥长度。最后，PKG 保密系统主控钥 x 但公布系统参数

$$\eta=<p,\mathbb{G}_1,\mathbb{G}_2,\mathbb{G}_3,P,y,n,H_1,H_2,H_3,H_4>$$

2. 密钥生成

在密钥生成阶段，PKG 计算拥有身份 id_a 的发送者的公钥 $y_a=H_1(id_a)\in\mathbb{G}_2$

和私钥 $s_a = y_a^{\ x} \in \mathbb{G}_2$。

采用同样的方式，PKG 计算拥有身份 id_b 的接收者的公钥 $y_b = H_1(id_b) \in \mathbb{G}_2$ 和私钥 $s_b = y_b^{\ x} \in \mathbb{G}_2$。

3. 签密

在签密阶段，拥有身份 id_a 的发送者计算得到消息 m 的一个密文 C，然后输出 C 给拥有身份 id_b 的接收者。具体操作如下：

（1）选取一个随机数 $u \in \mathbb{Z}_p$。

（2）计算 $r = P^u \in \mathbb{G}_1$。

（3）计算 $\upsilon = e(y^u, y_b) \in \mathbb{G}_3$。

（4）计算 $\kappa = H_2(r, \upsilon) \in \{0,1\}^n$。

（5）计算 $c = \text{DEM.Enc}(\kappa, m)$。

（6）计算 $h = H_3(m, r, y_a, y_b, \upsilon) \in \mathbb{Z}_p$。

（7）计算 $\rho = H_4(m, r, y_a, y_b, \upsilon) \in \mathbb{G}_2$。

（8）计算 $s = s_a^{\ h} \rho^u \in \mathbb{G}_2$。

（9）输出 $C = (r, c, s)$。

4. 解签密

拥有身份 id_b 的接收者运行该解签密算法。接收者收到密文 C 后进行如下操作：

（1）计算 $\upsilon = e(r, s_b)$。

（2）计算 $\kappa = H_2(r, \upsilon)$。

（3）恢复 $m = \text{DEM.Dec}(\kappa, c)$。

（4）计算 $h = H_3(m, r, y_a, y_b, \upsilon)$。

（5）计算 $\rho = H_4(m, r, y_a, y_b, \upsilon)$。

（6）检查验证等式 $e(P, s) = e(y^h, y_a) e(r, \rho)$ 是否成立。如果成立，接受恢复出的明文 m；否则，输出表示密文无效的符号 $\perp$。

通过等式

$$
\begin{aligned}
\upsilon &= e(r, s_b) \\
&= e\left(P^u, H_1(id_b)^x\right) \\
&= e\left(y^u, y_b\right)
\end{aligned}
$$

$$
\begin{aligned}
e(P,s) &= e\left(P, {s_a}^h \rho^r\right) \\
&= e\left(P, {s_a}^h\right) e\left(P, \rho^r\right) \\
&= e\left(y^h, y_a\right) e(r, \rho)
\end{aligned}
$$

就可以很容易验证如上所述的 IBHS 实例方案的签密算法和解签密算法的一致性。

3.4　安全性证明

3.4.1　保密性

定理 3.1　在随机预言模型下，如果存在一个 IND-IBHS-CCA2 敌手 $\mathcal{A}$ 经过最多 q_{H_i} 次对预言机 H_i 的询问（i=1,2,3,4）和 q_k 次私钥提取询问后，能够以不可忽略的优势 ε 攻破本章的 IBHS 方案在选择密文攻击下的不可区分性，那么一定存在一个挑战算法 Γ 能够以优势

$$
\varepsilon' \geqslant \varepsilon \cdot \frac{1}{eq_{H_2}} \cdot \frac{1}{q_k}
$$

解决 co-BDH 问题，其中 e 是自然对数的底。

证明　采用归约的方法证明定理3.1。设 Γ 收到一个co-BDH问题的随机实例 $<P,P^a,P^b,Q>$，其目的是确定 $e(P,Q)^{ab} \in \mathbb{G}_3$ 的值。为了利用 $\mathcal{A}$ 的能力得到co-BDH问题实例的解答，Γ 将 $\mathcal{A}$ 看作是子程序并且扮演 $\mathcal{A}$ 的挑战者在下面的游戏中进行交互。

在交互游戏开始的时候，挑战者 Γ 运行系统初始化算法得到系统参数 $\eta =< p,\mathbb{G}_1,\mathbb{G}_2,\mathbb{G}_3,P,y=P^a,H_1,H_2,H_3,H_4 >$，之后发送 η 给敌手 $\mathcal{A}$，在这里 a 对于敌手而言是未知数。为了避免发生对 $\mathcal{A}$ 的适应性询问的非连续性应答，Γ 维护初始化为空的 5 张列表 $< L_1,L_2,L_3,L_4,L_k >$，其中列表 $< L_1,L_2,L_3,L_4 >$ 用于跟踪 H_1~H_4 预言机询问，最后 1 张列表 L_k 用于追踪私钥提取预言机询问。

阶段 1。在这个阶段，$\mathcal{A}$ 发出如下多项式有界次适应性询问。

H_1 询问：$\mathcal{A}$ 在任何时候都可以发出对身份 id_i 的 H_1 询问。Γ 先从 q_{H_1} 个身份中选取第 t 个身份作为挑战阶段的目标身份 id_t，但是 Γ 不会泄露 $< t,id_t >$ 给敌手 $\mathcal{A}$。接下来，Γ 检查列表 L_1 中是否含有元组 $< id_i,y_i,l_i >$。如果匹配元组已经在列表 L_1 中存在，Γ 发送公钥 y_i 给敌手 $\mathcal{A}$；否则，Γ 做出的响应分如下两种情况。

情况 1：如果收到的不是第 t 次询问，Γ 选取一个随机数 $l_i \in \mathbb{Z}_p$，计算 $y_i = P^{l_i}$，返回公钥 y_i 给敌手 $\mathcal{A}$，之后记录 $< id_i,y_i,l_i >$ 到列表 L_1 中。

情况 2：如果收到的是第 t 次询问，Γ 设置 $y_i = Q$ 并且发送公钥 y_i 给敌手 $\mathcal{A}$ ，之后将 $< id_i, y_i, - >$ 记录到列表 L_1 中。在这里设 $id_i \neq id_t$ 的概率是 δ ，这个 δ 的值将会在后面确定。

H_2 询问：$\mathcal{A}$ 在任何时候都可以发出对 $< r, \upsilon >$ 的 H_2 询问。Γ 检查列表 L_2 中是否含有元组 $< r, \upsilon, \kappa >$ 。如果匹配元组已经在列表 L_2 中存在，Γ 发送对称密钥 κ 给敌手 $\mathcal{A}$ ；否则，Γ 发送任意选取的 $\kappa \in \{0,1\}^n$ 给敌手 $\mathcal{A}$ ，之后将 $< r, \upsilon, \kappa >$ 记录到列表 L_2 中。

H_3 询问：$\mathcal{A}$ 在任何时候都可以发出针对 $< m, r, y_a, y_b, \upsilon >$ 的 H_3 询问。Γ 检查列表 L_3 中是否含有元组 $< m, r, y_a, y_b, \upsilon, h >$ 。如果列表 L_3 中已经存在匹配元组，Γ 发送 h 给敌手 $\mathcal{A}$ ；否则，Γ 发送任意选取的 $h \in \mathbb{Z}_p$ 给敌手 $\mathcal{A}$ ，之后将 $< m, r, y_a, y_b, \upsilon, h >$ 记录到列表 L_3 中。

H_4 询问：$\mathcal{A}$ 在任何时候都可以发出针对 $< m, r, y_a, y_b, \upsilon >$ 的 H_4 询问。Γ 检查列表 L_4 中是否含有元组 $< m, r, y_a, y_b, \upsilon, \rho >$ 。如果列表 L_4 中已经存在匹配元组，Γ 发送 ρ 给敌手 $\mathcal{A}$ ；否则，Γ 分如下两种情况做出反应。

情况 1：如果收到的不是第 t 次询问，Γ 设置 $\rho = y_a$ ，之后发送 ρ 给敌手 $\mathcal{A}$ 并且记录 $< m, r, y_a, y_b, \upsilon, \rho >$ 到列表 L_4 中。

情况 2：如果收到的是第 t 次询问，Γ 设置 $\rho = Q$ ，之后发送 ρ 给敌手 $\mathcal{A}$ 并且将 $< m, r, y_a, y_b, \upsilon, \rho >$ 记录到列表 L_4 中。

私钥询问：$\mathcal{A}$ 可以请求一系列身份所对应的私钥（由于最多进行 q_{H_1} 次对 H_1 预言机的询问，则最多有 q_{H_1} 个身份）。$\mathcal{A}$ 在任何时候都可以发出对身份 id_i 的私钥提取询问。设在私钥提取询问之前，$\mathcal{A}$ 已询问过 H_1 预言机。Γ 检查列表 L_k 中是否存在元组 $< id_i, s_i >$ 。如果 $< id_i, s_i >$ 已经在列表 L_k 中存在，Γ 将私钥 s_i 发送敌手 $\mathcal{A}$ ；否则，Γ 做出的响应如下所述。

情况 1：如果收到的身份 id_i 是目标身份，Γ 放弃仿真。

情况 2：如果收到的身份 id_i 不是目标身份，Γ 计算 $s_i = y_i^{\,x} = (P^a)^{l_i}$ ，发送私钥 s_i 给敌手 $\mathcal{A}$ ，之后将 $< id_i, s_i >$ 记录到列表 L_k 中。

签密询问：$\mathcal{A}$ 在任何时候都可以发出对消息 m、发送者身份 id_a 及接收者身份 id_b 的签密询问。设在签密询问之前，$\mathcal{A}$ 已经询问过 H_1 预言机和私钥提取预言机。Γ 做出的反应如下所述。

情况 1：如果发送者身份 id_a 不是目标身份，Γ 运行实际的签密算法得到消息 m 的一个密文 C，然后将该密文发送给敌手 $\mathcal{A}$ 。

情况 2：如果发送者身份 id_a 是目标身份，Γ 按如下方式做出响应：

（1）随取选择 $u, \beta \in \mathbb{Z}_p$ 。

（2）计算 $r=P^{u}y^{-\beta}$。

（3）计算 $\upsilon=e(r,s_b)$。

（4）计算 $\kappa=H_2(r,\upsilon)$，记录 $<r,\upsilon,\kappa>$ 到列表 L_2 中。

（5）计算 $c=\text{DEM.Enc}(\kappa,m)$。

（6）设置 $h=\beta\in\mathbb{Z}_p$，记录 $<m,r,y_a,y_b,\upsilon,h>$ 到列表 L_3 中。

（7）设置 $\rho=Q\in\mathbb{G}_2$，记录 $<m,r,y_a,y_b,\upsilon,\rho>$ 到列表 L_4 中。

（8）计算 $s=\rho^{u}\in\mathbb{G}_2$。

（9）输出 $C=<r,c,s>$。

$\mathcal{A}$ 可以通过对挑战者返回的密文 C 的有效性验证，原因是下面的验证等式是成立的。

$$\begin{aligned}
&e\left(y^{h},y_a\right)e(r,\rho)\\
&=e\left(y^{h},y_a\right)e\left(P^{u}y^{-\beta},\rho\right)\\
&=e\left(y^{h},y_a\right)e\left(P^{u},\rho\right)e\left(y^{-\beta},\rho\right)\\
&=e\left(y^{h},y_a\right)e\left(P,\rho^{u}\right)e\left(y^{-h},\rho\right)\\
&=e\left(y^{h},Q\right)e\left(P,\rho^{u}\right)e\left(y^{-h},Q\right)\\
&=e(P,s)
\end{aligned}$$

解签密询问：$\mathcal{A}$ 在任何时候都可以发出对发送者身份 id_a、接收者身份 id_b 及密文 C 的解签密询问。设在解签密询问之前，$\mathcal{A}$ 已经询问过 H_1 预言机、H_3 预言机和 H_4 预言机。Γ 分如下两种情况做出响应。

情况 1：如果接收者身份 id_b 不是目标身份，Γ 正常运行解签密算法得到一个结果，之后发送该结果给敌手 $\mathcal{A}$。

情况 2：如果接收者身份 id_b 是目标身份，Γ 从列表 L_2 中仔细查询针对不同 υ 值的元组 $<r,\upsilon,\kappa>$，使得 $\mathcal{A}$ 在询问 $<y,r,Q,\upsilon>$ 时 co-DBDH 预言机返回的值为 1。如果这样的情况发生，Γ 使用 $<r,\upsilon,\kappa>$ 中的对称密钥 κ 恢复出明文 $m=\text{DEM.Dec}(\kappa,c)$，之后验证等式

$$e(P,s)=e\left(y^{h},y_a\right)e(r,\rho)$$

是否成立。如果成立，返回明文 m；否则，返回符号 $\perp$。

挑战。在阶段 1 结束的时候，$\mathcal{A}$ 选取长度相同的消息 $<m_0,m_1>\in\{0,1\}^{n}$，同时选取希望挑战的发送者身份 id_a^* 和接收者身份 id_b^*。在阶段 1，$\mathcal{A}$ 不能请求对身份 id_b^* 的私钥提取询问。设在挑战阶段之前，$\mathcal{A}$ 已经请求过 H_1 询问和私钥提取询问。Γ 做出的反应分如下两种情况。

情况 1：如果身份 id_b^*不是目标身份，Γ 放弃仿真。

情况 2：如果身份 id_b^*是目标身份，Γ 从 IBHS 方案的密钥空间中选取一个对称密钥 κ_0，继续进行如下应答：

（1）设置 $r^* = P^b \in \mathbb{G}_1$。

（2）任意选取 $\upsilon^* \in \mathbb{G}_3$。

（3）计算 $\kappa_1 = H_2\left(r^*, \upsilon^*\right)$，记录 $\langle r^*, \upsilon^*, \kappa_1 \rangle$ 到列表 L_2 中。

（4）任意选取 $\theta \in \{0,1\}$。

（5）计算 $c^* = \text{DEM.Dec}\left(\kappa_\theta, m_\theta\right)$。

（6）计算 $h^* = H_3\left(m_z, r^*, {y_a}^*, {y_b}^*, \upsilon^*\right)$，记录 $< m_t, r^*, {y_a}^*, {y_b}^*, \upsilon^*, h^* >$ 到列表 L_3 中。

（7）计算 $\rho^* = {y_a}^* \in \mathbb{G}_2$，记录 $< m_t, r^*, {y_a}^*, {y_b}^*, \upsilon^*, \rho^* >$ 到列表 L_4 中。

（8）计算 $s^* = \left({s_a}^*\right)^{h^*}\left(P^b\right)^{{l_a}^*}$。

（9）输出 $C^* =< r^*, c^*, s^* >$。

阶段 2。在这个阶段，$\mathcal{A}$ 像阶段 1 那样对 H_1~H_4 预言机、私钥提取预言机、签密预言机和解签密预言机发出多项式有界次适应性询问。Γ 也像阶段 1 那样做出响应。限制条件是：第一，$\mathcal{A}$ 不能发出对身份 id_b^*的私钥提取询问；第二，$\mathcal{A}$ 不能对挑战密文 C^*进行解签密询问。

在交互游戏结束的时候，由于已经假设过 $\mathcal{A}$ 有能力攻破 IBHS 方案的 IND-IBHS-CCA2 安全性，则在列表 L_2 中应该已记录了 q_{H_2} 个“询问与应答”元组。这意味着 $\mathcal{A}$ 必定对 $< r^*, \upsilon^* >$ 发出过 H_2 询问，在 q_{H_2} 个“询问与应答”元组中必存在一个元组含有 co-BDH 问题实例的解答 υ^*，即

$$
\begin{aligned}
\upsilon^* &= e\left(y^{u^*}, {y_b}^*\right) \\
&= e\left(P^a, Q\right)^b \\
&= e(P, Q)^{ab}
\end{aligned}
$$

现在分析挑战者 Γ 利用敌手 $\mathcal{A}$ 的攻击能力解决 co-BDH 问题的成功概率。

根据如上所述的证明过程可知，$\mathcal{A}$ 最多执行 q_{H_2} 次对 H_2 预言机的询问及 q_k 次私钥提取询问，则挑战者在阶段 1 或阶段 2 不终止交互游戏的概率是 δ^{q_k}。挑战者在挑战阶段不终止交互游戏的概率是 $1-\delta$。于是，挑战者不终止对交互游戏执行的概率是 $\delta^{q_k}(1-\delta)$，这个值在

$$\delta = 1 - \frac{1}{1+q_k}$$

处达到最大，即

$$\begin{aligned}\delta^{q_k}(1-\delta) &= \left(1-\frac{1}{1+q_k}\right)^{q_k}\left(\frac{1}{1+q_k}\right)\\ &= \left(1-\frac{1}{1+q_k}\right)^{(1+q_k)}\left(\frac{1}{q_k}\right)\\ &\geqslant \frac{1}{e}\cdot\frac{1}{q_k}\end{aligned}$$

以上的推导过程说明，在交互游戏进行的过程中挑战者始终不放弃仿真的概率至少是$1/eq_k$。挑战者从列表 L_2 中均匀选取 co-BDH 问题实例的解答υ^*的概率至少是$1/q_{H_2}$。

由上可得，挑战者利用敌手的攻击能力解决 co-BDH 问题的成功概率ε'至少是

$$\varepsilon \cdot \frac{1}{eq_{q_{H_2}}} \cdot \frac{1}{q_k}$$

3.4.2　不可伪造性

定理 3.2　在随机预言模型下，如果存在一个 UF-IBHS-CMA 伪造者$\mathcal{F}$经过最多q_{H_i}次对预言机 H_i 的询问（i=1,2,3,4）和q_k次私钥提取询问以后，能够以不可忽略的优势ε攻破本章的 IBHS 方案的存在性不可伪造，则一定存在一个挑战算法Γ至少以优势

$$\varepsilon' \geqslant \varepsilon \cdot \frac{1}{e} \cdot \frac{1}{q_k}$$

解决 co-CDH 问题，其中e是自然对数的底。

证明　采用归约的方法证明定理3.2。设Γ收到一个co-CDH问题的随机实例$<P,P^a,Q>$，其目的是计算出$Q^a \in \mathbb{G}_2$。为了利用伪造者$\mathcal{F}$的能力得到 co-CDH 问题实例的解答，Γ扮演$\mathcal{F}$的挑战者并且将$\mathcal{F}$看作是其子程序在下面的游戏中进行交互。

在交互游戏开始的时候，挑战者Γ运行系统初始化算法，之后将获得的系统参数$<p,\mathbb{G}_1,\mathbb{G}_2,\mathbb{G}_3,P,y=P^a,H_1,H_2,H_3,H_4>$发送给伪造者$\mathcal{F}$。为了保证对伪造者适应性询问的连续响应，$\Gamma$维护 5 张初始化为空的列表$<L_1,L_2,L_3,L_4,L_k>$，

其中前 4 张列表用于记录对 $H_1 \sim H_4$ 预言机的“询问与应答”值，最后 1 张列表用于记录对私钥提取预言机的“询问与应答”值。

训练。在这个阶段，伪造者 $\mathcal{F}$ 像阶段 1 那样发出多项式有界次适应性 $H_1 \sim H_4$ 询问、私钥提取询问、签密询问和解签密询问。挑战者对适应性询问的响应完全相同于定理 3.1 中的阶段 1。

伪造。在 $\mathcal{F}$ 决定训练阶段结束的时候，输出给 Γ 一个伪造的三元组 $\langle id_a^*, id_b^*, C^* \rangle$。在训练阶段：第一，伪造者不能提取身份 id_a^* 的私钥；第二，C^* 不能是来自伪造者对某个 $< id_a^*, id_b^*, m^* >$ 签密询问的回答。挑战者做出的反应分下面两种情况。

情况 1：如果发送者的身份 id_a^* 不是目标身份，则挑战者放弃仿真。

情况 2：如果发送者的身份 id_a^* 是目标身份，则挑战者运用预言重放技术输出另一个有效密文 $C^{**} = < r^*, c^{**}, s^{**} >$。$\Gamma$ 调用 H_4 预言机可以得到 $\rho = Q$，故有

$$\begin{cases} s^* = \left(s_a^*\right)^{h^*} Q^u \\ s^{**} = \left(s_a^*\right)^{h^{**}} Q^u \end{cases}$$

Γ 调用 H_1 预言机可以得到 $y_a = Q$，结合上面的方程组则可以推导出 co-CDH 问题实例的解答，即

$$Q^a = s_a^* = \left(\frac{s^{**}}{s^*}\right)^{\left(h^{**} - h^*\right)^{-1}}$$

现在分析挑战者 Γ 利用伪造者 $\mathcal{F}$ 的攻击能力计算出 co-CDH 问题实例解答的成功概率。

通过分析上面的交互游戏，可以看出伪造者对私钥提取预言机最多执行过 q_k 次询问，则挑战者在阶段 1 或阶段 2 不终止交互游戏的的概率是 δ^{q_k}。在挑战阶段，挑战者不终止交互游戏的概率是 $1-\delta$。于是，挑战者不终止交互游戏的概率是 $\delta^{q_k}(1-\delta)$，这个值在

$$\delta = 1 - \frac{1}{1+q_k}$$

处达到最大。

根据定理 3.1 中的概率分析方法可知，挑战者在游戏进行交互的过程中都不退出的概率至少是

$$\frac{1}{e} \cdot \frac{1}{q_k}$$

由上可得，挑战者利用伪造者的攻击能力解决 co-CDH 问题的成功概率 ε' 至

少是

$$\varepsilon \cdot \frac{1}{e} \cdot \frac{1}{q_k}$$

如上所述，在对 IBHS 方案的安全性进行分析的过程中，将证明 IBHS 方案的 IND-CCA2 安全性归约到了 co-BDH 假设，而且将证明 IBHS 方案的 UF-CMA 安全性归约到了 co-CDH 假设。

3.5 性能分析

本节通过计算和通信开销的比较对本章的 IBHS 方案和已有类似密码方案进行性能比较分析，如表 3.1 所示。

表 3.1 计算和通信开销比较

方案	签密			解签密			密文长度
	y_p	y_m	y_e	y_p	y_m	y_e	
文献[16]中的方案	1	5	1	5	1	1	$\|m\|+2\|r\|$
文献[18]中的方案	2	2	2	4	0	2	$\|m\|+2\|G\|$
本章的 IBHS 方案	1	0	4	4	0	1	$\|m\|+\|G_1\|+\|G_2\|$

在表 3.1 中，y_p 表示双线性对运算，y_m 表示加法群 G_1 上的点乘运算，y_e 表示循环群 G_1、G_2 和 G_3 上的指数运算。表 3.1 中计算开销包含签密算法和解签密算法两部分，密文长度表示通信开销，$|r|$ 表示有限域 $\mathbb{Z}_p$ 中一个元素的长度。

从表 3.1 可以看出，在密文长度与已有方案相当的情况下，本章提出的 IBHS 方案的总计算开销低于已有方案，可以更好地满足密码学应用需求。

3.6 本章小结

混合签密技术的安全性和计算复杂度直接影响着它在密码学领域中的应用。本章的 IBHS 方案具有 co-BDH 假设下的保密性和 co-CDH 假设下的不可伪造性。本章的 IBHS 方案用较小的计算开销实现了较高的安全性，减轻了公钥证书的认证负担。今后可以借鉴本章方案的思想构造适合用于无线传感器网络、Ad Hoc 网络和智能卡等资源受限的混合签密方案。

参考文献

[1] 田野, 张玉军, 李忠诚. 使用对技术的基于身份密码学研究综述. 计算机研究与发展, 2006,

43（10）: 1810-1819

[2] Li F G, Takagi T. Secure identity-based signcryption in the standard model. Mathematical and Computer Modelling, 2013, 57（11-12）: 2685-2694

[3] Jin Z, Wen Q, Du H. An improved semantically-secure identity-based signcryption scheme in the standard model. Computers & Electrical Engineering, 2010, 36（3）: 545-552

[4] Kushwah P, Lal S. Provable secure identity based signcryption schemes without random oracles. International Journal of Network Security & its Applications, 2012, 4（3）: 97-110

[5] Li F G, Liao Y, Qin Z. Analysis of an identity-based signcryption scheme in the standard model. IEICE Transactions, 2011, 94-A（1）: 268-269

[6] Zhang Z J, Mao J. A novel identity-based multi-signcryption scheme. Computer Communications, 2009, 32（1）: 14-18

[7] 赵秀凤, 徐秋亮. 一个有效的多 PKG 环境下基于身份签密方案. 计算机学报, 2012, 35（4）: 673-681

[8] 庞辽军, 李慧贤, 崔静静, 等. 公平的基于身份的多接收者匿名签密设计与分析. 软件学报, 2014, 25（10）: 2409-2420

[9] 庞辽军, 崔静静, 李慧贤, 等. 新的基于身份的多接收者匿名签密方案. 计算机学报, 2011, 34（11）: 2104-2113

[10] 李发根, 胡予濮, 李刚. 一个高效的基于身份的签密方案. 计算机学报, 2006, 29（9）: 1641-1647

[11] 孟涛, 张鑫平, 孙圣和. 基于身份的多重签密方案. 电子学报, 2007, 35（6A）: 115-117

[12] Chen L, Malone-Lee J. Improved identity-based signcryption// Proceedings of the Public Key Cryptography, PKC'05, Lecture Notes in Computer Science 3386, 2005: 362-379

[13] Sharmila S, Sree S, Srinivasan R, et al. An efficient identity-based signcryption scheme for multiple receivers// Proceedings of the International Workshop on Security, Lecture Notes in Computer Science 5824. Heidelberg: Springer, 2009: 71-88

[14] Zhang J H, Gao S N, Chen H,et al. A novel ID-based anonymous signcryption scheme// Proceedings of the Data and Web Management, Lecture Notes in Computer Science 5446, 2009: 604-610

[15] Yu Y, Yang B, Sun Y, et al. Identity based signcryption scheme without random oracles. Computer Standards and Interfaces, 2009, 31（1）: 56-62

[16] Li F G, Masaaki S, Tsuyushi T. Identity-based hybrid signcryption// Proceedings of the 2009 International Conference on Availability, Reliability and Security, 2009: 534-539

[17] Sun Y X, Li H. ID-based signcryption KEM to multiple recipients. Chinese Journal of Electronics, 2011, 20（2）: 317-322

[18] Singh K. Identity-based hybrid signcryption revisited// Proceedings of the 2012 International Conference on Information Technology and E-Services, Washington, 2012:34-39

[19] 俞惠芳, 杨波. 使用 ECC 的身份混合签密方案. 软件学报, 2015, 26（12）: 3174-3182

[20] 李发根. 基于双线性对的签密体制研究. 西安: 西安电子科技大学, 2007

[21] 李祖猛. 签密方案的设计与分析. 西安: 西安电子科技大学, 2009

第 4 章　ES-CLHS 方案

4.1　引　　言

密码学界对混合签密技术的工作原理已经做了深入研究，并且根据密码学应用需求设计了许多无证书混合签密方案。无证书混合签密不仅避免了传统的公钥密码系统（TPKC）中的证书使用和基于身份的公钥密码系统（IB-PKC）中的密钥托管问题，而且能同时实现任意长度的消息的保密并认证的安全通信。虽然密码学界努力研究如何减少运算量的方法，不可否认的是双线性对运算仍比点乘运算和指数对算耗时间。

2008 年，Barbosa 和 Farshim[1]提出了第一个无证书签密方案，它的安全目标是通过考虑随机预言模型获得的[2]。随机预言模型[3,4]通常是现实中哈希函数的理想化替身。哈希函数是一个输入为任意长度，输出为固定长度的函数，除此之外还满足单向性、抗碰撞性等。在随机预言模型下实际执行所设计的密码方案的时候，用具体的哈希函数来替换方案中的随机预言机。在标准模型下敌手只受时间和计算能力的约束，而没有其他假设，在此条件下可将密码学方案归约到困难性问题上[5]，实际中很多密码方案在标准模型下建立安全性归约是比较困难的，也就是难于证明在安全模型下的安全性。为了降低证明的难度，往往在随机预言模型下的安全性归约过程中加入其他的假设条件。随机预言机模型是在可证明安全中被广泛使用的证明方法，是从哈希函数抽象出来的一种模型。目前大多数的可证明安全的密码方案也是基于随机预言机模型的。因此，随机预言机模型仍被认为是可证明安全中最成功的应用。

目前密码学家已经提出了许多无证书签密方案[6-13]。其中 Liu 等[6]在标准模型下设计了一个无证书签密方案，但不能抵制恶意密钥生成中心（KGC）的被动攻击[14,15]。文献[7][8]中的无证书签密方案也是不安全的。目前还没有使用三个乘法循环群的无证书混合签密方案，如何使用三个乘法循环群设计高效安全的无证书混合签密（Efficient and Secure Certificateless Hybrid Signcryption，ES-CLHS）方案是一个非常重要的研究问题。本章的重点在于从计算效率和安全性的角度出发，研究可以处理任意长度的消息的 ES-CLHS 方案。

本章描述使用三个乘法循环群的 ES-CLHS 方案的算法模型和形式化安全定义，进而在联合双线性计算 Diffie-Hellman 问题和联合双线性判定 Diffie- Hellman

问题的困难假设基础上设计一个 ES-CLHS 实例方案，之后在随机预言模型下证明本章的 ES-CLHS 实例方案具有适应性选择密文攻击下的不可区分性和适应性选择明文攻击下的不可伪造性，最后对 ES-CLHS 方案和类似密码方案的进行计算复杂度分析和安全属性比较。

4.2 形式化定义

4.2.1 算法定义

一个使用三个乘法循环群的 ES-CLHS 方案可以通过如下五个概率多项式时间算法来定义。

1. 系统初始化

由 KGC 执行该初始化算法。给定一个安全参数 k，输出系统参数 η 和主密钥 x。

2. 密钥生成

由拥有身份 I_i（I_a 表示发送者的身份，I_b 表示接收者的身份）的用户执行该密钥生成算法。给定系统参数 η 和用户身份 I_i，输出该用户的私钥 x_i 和公钥 y_i。

3. 部分私钥提取

由 KGC 执行该部分私钥提取算法。给定 $<\eta, x, I_i>$（i 是 a 或 b），输出拥有身份 I_i 的用户的部分私钥 r_i。显而易见，该用户的完整私钥是 $e_i = <r_i, x_i>$。

4. 签密

由拥有身份 I_a 的发送者执行该签密算法。给定 $<\eta, I_a, I_b, m, e_a, y_a, y_b>$，发送者计算出消息 m 的一个密文 C，之后输出该密文给拥有身份 I_b 的接收者。

5. 解签密

由拥有身份 I_b 的接收者执行该解签密算法。给定 $<\eta, I_a, I_b, C, e_b, y_a, y_b>$，接收者根据验证等式是否成立决定输出明文 m 还是输出标志 $\perp$。

4.2.2 安全模型

本节给出了 ES-CLHS 方案的形式化安全定义。一个 ES-CLHS 方案须具有保密性（适应性选择密文攻击下的不可区分性）和不可伪造性（适应性选择明文攻击下的存在性不可伪造）。

形式化安全定义中考虑了两类攻击者 $\mathcal{A}_{\mathrm{I}}$（或 $\mathcal{F}_{\mathrm{I}}$）和 $\mathcal{A}_{\mathrm{II}}$（或 $\mathcal{F}_{\mathrm{II}}$），$\mathcal{A}_{\mathrm{I}}$（或 $\mathcal{F}_{\mathrm{I}}$）不能收买密钥生成中心的主控钥但能替换任意身份的公钥；$\mathcal{A}_{\mathrm{II}}$（或 $\mathcal{F}_{\mathrm{II}}$）能收买密钥生成中心的主控钥但不能替换任意身份的公钥。模型中不允许进行发送者身份和接收者身份相同的询问。

1. 保密性

在这里采用适应性选择密文攻击下的不可区分性安全模型，在 4.4 节将使用该模型证明 ES-CLHS 方案的保密性。具体描述中考虑两个交互游戏 IND-ES-CLHS-CCA2-I 和 IND-ES-CLHS-CCA2-II。

现在描述挑战者 Γ 和敌手 $\mathcal{A}_{\mathrm{I}}$ 之间进行的交互游戏 IND-ES-CLHS-CCA2-I。

在交互游戏开始之时，挑战者 Γ 运行系统初始化算法得到系统参数 η 和主密钥 x。之后 Γ 发送系统参数 η 给敌手 $\mathcal{A}_{\mathrm{I}}$ 但保密主密钥 x。

阶段 1。$\mathcal{A}_{\mathrm{I}}$ 在这个阶段进行如下多项式有界次适应性询问。

公钥询问：$\mathcal{A}_{\mathrm{I}}$ 在任何时候都可以请求身份 I_i 的公钥。挑战者运行密钥生成算法得到公钥 y_i，之后发送该公钥给 $\mathcal{A}_{\mathrm{I}}$。

私钥询问：$\mathcal{A}_{\mathrm{I}}$ 在任何时候都可以询问身份 I_i 的私钥。挑战者从有关列表中找到私钥 x_i，之后发送该私钥给 $\mathcal{A}_{\mathrm{I}}$。在 $\mathcal{A}_{\mathrm{I}}$ 已经替换了该身份的公钥的情况下，不允许询问该身份的私钥。

部分私钥询问：$\mathcal{A}_{\mathrm{I}}$ 在任何时候都可以询问身份 I_i 的部分私钥。挑战者运行部分私钥提取算法得到部分私钥 r_i，之后将该部分私钥发送给 $\mathcal{A}_{\mathrm{I}}$。

公钥替换：$\mathcal{A}_{\mathrm{I}}$ 可以替换任意身份的公钥。

签密询问：$\mathcal{A}_{\mathrm{I}}$ 在任何时候都可以提交对发送者身份 I_a、接收者身份 I_b 及消息 m 的签密询问。挑战者运行签密算法获得消息 m 的一个密文 C，之后发送该密文给 $\mathcal{A}_{\mathrm{I}}$。

解签密询问：$\mathcal{A}_{\mathrm{I}}$ 在任何时候都可以提交对密文 C、发送者身份 I_a 及接收者身份 I_b 的解签密询问。挑战者运行解签密算法得到一个结果，之后输出该结果给 $\mathcal{A}_{\mathrm{I}}$。

挑战。在阶段 1 结束之时，$\mathcal{A}_{\mathrm{I}}$ 生成长度相同的 $< m_0, m_1 >$ 及希望挑战的发送者身份 I_a^* 和接收者身份 I_b^*。在阶段 1：第一，身份 I_b^* 的秘密值不能被询问；第二，身份 I_b^* 不能是公钥已被替换和部分私钥已被提取的那个身份。

挑战者查询有关列表获得 $< e_a^*, y_a^*, y_b^* >$ 并且任意选取 $\theta \in \{0,1\}$，然后返回计算出的挑战密文

$$C^* = \text{Signcrypt}\left(\eta, id_a{}^*, id_b{}^*, m_\theta, e_a{}^*, y_a{}^*, y_b{}^*\right)$$

阶段 2。$\mathcal{A}_\text{I}$ 在这个阶段像阶段 1 那样发出多项式有界次适应性询问。挑战者像阶段 1 那样做出回答。受限条件是：第一，身份 $I_b{}^*$的秘密值和部分私钥不能被提取；第二，$\mathcal{A}_\text{I}$ 不能替换身份 $I_b{}^*$的公钥；第三，$\mathcal{A}_\text{I}$ 不能解签密询问挑战密文 C^*。

在 $\mathcal{A}_\text{I}$ 决定结束交互游戏之时，输出 θ 的一个猜测 θ^*。如果 $\theta^* = \theta$，则意味着 $\mathcal{A}_\text{I}$ 在 IND-ES-CLHS-CCA2-I 中赢得胜利。

$\mathcal{A}_\text{I}$ 在 IND-ES-CLHS-CCA2-I 中的获胜优势可定义为

$$\text{Adv}_{\mathcal{A}_\text{I}}^{\text{IND-ES-CLHS-CCA2-I}}(k) = |\Pr[\theta^* = \theta] - 1/2|$$

现在描述挑战者 Γ 和敌手 $\mathcal{A}_\text{II}$ 之间进行的交互游戏 IND-ES-CLHS-CCA2-II。

在交互游戏开始之时，Γ 运行初始化算法得到系统参数 η 和主密钥 x，然后发送 $<\eta, x>$ 给敌手 $\mathcal{A}_\text{II}$。

阶段 1。$\mathcal{A}_\text{II}$ 在这个阶段请求如下多项式有界次适应性询问。

请求公钥：$\mathcal{A}_\text{II}$ 在任何时候都可对身份 I_i 进行公钥询问。挑战者通过调用密钥生成算法计算出公钥 y_i，然后发送该公钥给敌手。

私钥询问：$\mathcal{A}_\text{II}$ 在任何时候都可对身份 I_i 进行私钥询问。挑战者输出私钥 $e_i =< r_i, x_i >$ 给敌手。

签密询问：$\mathcal{A}_\text{II}$ 在任何时候都可对消息 m、发送者身份 I_a 及接收者身份 I_b 进行签密询问。挑战者调用签密算法计算出消息 m 的一个密文 C 并且发送该密文给敌手。

解签密询问：$\mathcal{A}_\text{II}$ 在任何时候都可对发送者身份 I_a、接收者身份 I_b 及密文 C 进行解签密询问。挑战者调用解签密算法得到一个结果并且将该结果发送给敌手。

挑战。在阶段 1 结束之时，$\mathcal{A}_\text{II}$ 产生相同长度的 $< m_0, m_1 >$ 及希望挑战的发送者身份 $I_a{}^*$和接收者身份 $I_b{}^*$。在阶段 1，$\mathcal{A}_\text{II}$ 不能发出对身份 $I_b{}^*$的秘密值询问。

挑战者任意选取 $\theta \in \{0,1\}$ 并且检索有关列表得到 $< e_a{}^*, y_a{}^*, y_b{}^* >$，之后输出计算得到的挑战密文

$$C^* = \text{Signcrypt}\left(\eta, id_a{}^*, id_b{}^*, m_\theta, e_a{}^*, y_a{}^*, y_b{}^*\right)$$

阶段 2。$\mathcal{A}_\text{II}$ 在这个阶段像阶段 1 一样进行多项式有界次适应性询问。挑战者像阶段 1 一样做出响应。受限条件是：第一，身份 $I_b{}^*$的秘密值不能被提取；第二，$\mathcal{A}_\text{II}$ 不能针对挑战密文 C^*询问解签密预言机。

在 $\mathcal{A}_\text{II}$ 决定结束交互游戏之时，输出 θ 的一个猜测 θ^*。如果 $\theta^* = \theta$，则意味

着 $\mathcal{A}_{\rm II}$ 在 IND-ES-CLHS-CCA2-II 中取得胜利。

$\mathcal{A}_{\rm II}$ 在 IND-ES-CLHS-CCA2-II 中获胜优势可定义为

$$\mathrm{Adv}_{\mathcal{A}_{\rm II}}^{\text{IND-ES-CLHS-CCA2-II}}(k) = |\Pr[\theta^* = \theta] - 1/2|$$

定义 4.1 如果任何多项式有界的敌手 $\mathcal{A}_{\rm I}$（相应的 $\mathcal{A}_{\rm II}$）赢得 IND-ES-CLHS-CCA2-I（相应的 IND-ES-CLHS-CCA2-II）的优势是可以忽略的，则称一个 ES-CLHS 方案在适应性选择密文攻击下是不可区分的。

2. 不可伪造性

在这里采用适应性选择明文攻击下的存在性不可伪造安全模型，在 4.4 节将利用该模型证明 ES-CLHS 的不可伪造性。具体描述中考虑两个交互游戏 UF-ES-CLHS-CMA-I 和 UF-ES-CLHS-CMA-II。

现在描述挑战者 Γ 和伪造者 $\mathcal{F}_{\rm I}$ 之间进行的交互游戏 UF-ES-CLHS-CMA-I。

在交互游戏开始之时，挑战者 Γ 运行系统初始化算法得到系统参数 η 和主密钥 x，之后发送 η 给伪造者 $\mathcal{F}_{\rm I}$ 但保留 x。

训练。$\mathcal{F}_{\rm I}$ 在这个阶段像 IND-ES-CLHS-CCA2-I 中的阶段 1 那样执行多项式有界次适应性询问。Γ 做出的回答完全相同于 IND-ES-CLHS-CCA2-I 中的阶段 1。

伪造。在训练阶段结束之时，$\mathcal{F}_{\rm I}$ 输出一个伪造的三元组 $< C^*, I_a^*, I_b^* >$ 给挑战者 Γ。请记住：第一，身份 I_b^* 的秘密值不能被询问；第二，身份 I_b^* 不能是公钥已被替换和部分私钥已被提取的那个身份；第三，在训练阶段 C^* 不能是源自 $\mathcal{F}_{\rm I}$ 对某个三元组 $< I_a^*, I_b^*, m^* >$ 签密询问的应答。如果

$$\mathrm{Unsigncrypt}\left(\eta, id_a^*, id_b^*, C^*, s_b^*, y_a^*, y_b^*\right)$$

的结果不是符号 $\perp$，则 $\mathcal{F}_{\rm I}$ 在 UF-ES-CLHS-CMA-I 中伪造成功。

如果 Win 表示 $\mathcal{F}_{\rm I}$ 在 UF-ES-CLHS-CMA-I 中获得胜利的事件，则 $\mathcal{F}_{\rm I}$ 在 UF-ES-CLHS-CMA-I 中获胜优势可定义为

$$\mathrm{Adv}_{\mathcal{F}_{\rm I}}^{\text{UF-ES-CLHS-CMA-I}}(k) = |\,\mathrm{Win}\,|$$

现在描述挑战者 Γ 和伪造者 $\mathcal{F}_{\rm II}$ 之间进行的交互游戏 UF-ES-CLHS-CMA-II。

在交互游戏开始之时，挑战者 Γ 运行系统初始化算法获得系统参数 η 和主密钥 x，然后发送 $< \eta, x >$ 给伪造者 $\mathcal{F}_{\rm II}$。

训练。$\mathcal{F}_{\rm II}$ 在这个阶段像 IND-ES-CLHS-CCA2-II 中的阶段 1 那样提交多项式有界次适应性询问。挑战者对适应性询问做出的响应完全相同于 IND-ES-CLHS-CCA2-II 中的阶段 1。

伪造。在训练阶段结束之时，$\mathcal{F}_{\rm II}$ 输出一个伪造的三元组 $< C^*, I_a^*, I_b^* >$ 给挑

战者Γ。请记住：第一，$\mathcal{F}_{\mathrm{II}}$不能发出对身份 I_a^*的秘密值提取询问；第二，在训练阶段 C^*不能是源自 $\mathcal{F}_{\mathrm{II}}$对某个三元组$<I_a^*, I_b^*, m^*>$签密询问的响应。如果

$$\text{Unsigncrypt}\left(\eta, id_a^*, id_b^*, C^*, s_b^*, y_a^*, y_b^*\right)$$

的结果不是符号$\perp$，则 $\mathcal{F}_{\mathrm{II}}$在 UF-ES-CLHS-CMA-II 中伪造成功。

如果 Win 表示伪造者在 UF-ES-CLHS-CMA-II 中获得胜利的事件，则伪造者在 UF-ES-CLHS-CMA-II 中获胜优势可定义为

$$\text{Adv}_{\mathcal{F}_{\mathrm{II}}}^{\text{UF-ES-CLHS-CMA-II}}(k) = |\text{Win}|$$

定义 4.2 如果任何多项式有界的伪造者 $\mathcal{F}_{\mathrm{I}}$（相应的 $\mathcal{F}_{\mathrm{II}}$）赢得 UF-ES-CLHS-CMA-I（相应的 UF-ES-CLHS-CMA-II）的优势是可忽略的，则称一个 ES-CLHS 方案在适应性选择明文攻击下是不可伪造的。

4.3 ES-CLHS 实例方案

本节采用三个乘法循环群构造一个 ES-CLHS 实例方案，每个算法模块的细节如下所述。

1. 系统初始化

KGC 运行该系统初始化算法。设 p 是一个 k 比特的大素数，$\mathbb{G}_1, \mathbb{G}_2, \mathbb{G}_3$ 是三个具有素数阶 p 的乘法循环群，P 是乘法循环群 $\mathbb{G}_1$ 的一个生成元，$e: \mathbb{G}_1 \times \mathbb{G}_2 \to \mathbb{G}_3$ 是一个双线性映射。KGC 任意选取主密钥 $x \in \mathbb{Z}_p$，计算系统公钥 $y = P^x$。KGC 选取密码学安全的哈希函数：$H_0: \mathbb{G}_1^2 \times \{0,1\}^* \to \mathbb{G}_2$，$H_1: \mathbb{G}_1 \times \mathbb{G}_3 \to \{0,1\}^n$，$H_2: \{0,1\}^n \times \mathbb{G}_1^3 \times \mathbb{G}_3 \to \mathbb{G}_2$，在这里 n 是 DEM 的对称密钥长度。最后，KGC 保密 x 但公布系统参数

$$\eta = < p, \mathbb{G}_1, \mathbb{G}_2, \mathbb{G}_3, P, y, n, H_0, H_1, H_2 >$$

2. 密钥生成

拥有身份 I_a 的发送者 Alice 选择一个秘密值 $x_a \in \mathbb{Z}_p$ 作为私钥并且计算其公钥 $y_a = P^{x_a}$。

同样地，拥有身份 I_b 的接收者 Bob 选择一个秘密值 $x_b \in \mathbb{Z}_p$ 作为私钥并且计算其公钥 $y_b = P^{x_b}$。

3.部分私钥提取

KGC 运行该部分私钥提取算法得到拥有身份 I_i（i 是 a 或 b）的用户的部分私钥，具体操作如下：

（1）计算 $H_i = H_0(y, y_i, I_i) = \mathbb{G}_2$。

（2）计算 $r_i = H_i^x \in \mathbb{G}_2$。

（3）发送部分私钥 r_i 给 Alice（i 是 a）或 Bob（i 是 b）。Alice 或 Bob 可通过等式 $e(P, r_i) = e(y, H_i)$ 验证部分私钥 r_i 的真实性。

可以看出，Alice 或 Bob 的完整私钥是 $e_i = < r_i, x_i >$，其中 r_i 是 KGC 计算出的部分私钥，x_i 是 Alice 或 Bob 自己选取的秘密值。

4. 签密

在签密阶段，拥有身份 I_a 的 Alice 执行该签密算法获得消息 m 的一个密文 C，之后将输出该密文给拥有身份 I_b 的 Bob。具体地讲，Alice 选择一个随机数 $\mu \in \mathbb{Z}_p$，然后按如下步骤进行操作：

（1）计算 $r = P^\mu \in \mathbb{G}_1$。

（2）计算 $\rho = e(y_b, y, H_b)^\mu \in \mathbb{G}_3$。

（3）计算 $\kappa = H_1(r, \rho) \in \{0,1\}^n$。

（4）计算 $c = \text{DEM.Enc}(\kappa, m)$。

（5）计算 $\phi = H_2(m, r, y_a, y_b, \rho) \in \mathbb{G}_2$。

（6）计算 $s = \phi^\mu H_a^{x_a} r_a \in \mathbb{G}_2$。

（7）输出 $C = < r, c, s >$。

5. 解签密

在解签密阶段，拥有身份 I_b 的 Bob 收到来自 Alice 的密文 C 之后，通过等式

$$\rho = e(r, r_b, H_b^{x_b}) \in \mathbb{G}_3$$

$$\kappa = H_1(r, \rho) \in \{0,1\}^n$$

$$m = \text{DEM.Dec}(\kappa, c)$$

恢复出明文 m。

接下来，Bob 计算 $\phi = H_2(m, r, y_a, y_b, \rho) \in \mathbb{G}_2$ 而且检查等式 $e(P, s) = e(y_a y, H_a) e(r, \phi)$ 是否成立。如果成立，接受明文 m；否则，输出符号 $\perp$。

通过等式

$$\begin{aligned} \rho &= e(yy_b, H_b)^{\mu} \\ &= e(y, H_b^{\mu})e(y_b, H_b^{\mu}) \\ &= e(r, H_b^{x})e(r, H_b^{x_b}) \\ &= e(r, r_b H_b^{x_b}) \end{aligned}$$

$$\begin{aligned} e(P,s) &= e(P, \phi^{\mu} H_a^{x_a} r_a) \\ &= e(P, r_a H_a^{x_a})e(P, \phi^{\mu}) \\ &= e(P, H_a^{x+x_a})e(P^{\mu}, \phi) \\ &= e(yy_a, H_a)e(r, \phi) \end{aligned}$$

就可以很容易验证如上所述的 ES-CLHS 实例方案的签密算法和解签密算法的一致性。

4.4 安全性证明

4.4.1 保密性

定理 4.1 在随机预言模型下，如果存在一个 IND-ES-CLHS-CCA2-I 敌手 $\mathcal{A}_{\mathrm{I}}$ 经过 l_i 次对 H_i 预言机的询问（i=0,1,2）、l_p 次部分私钥提取询问、l_s 次私钥询问和 l_r 次公钥替换之后，能够以不可忽略的优势 ε 攻破本章的 ES-CLHS 方案在适应性选择密文攻击下的不可区分性，则一定存在一个挑战算法 Γ 以优势

$$\varepsilon' \geqslant \varepsilon \cdot \frac{1}{el_1} \cdot \frac{1}{l_p + l_s + l_r}$$

解决 co-DBDH 问题（其中 e 是自然对数的底）。

证明 采用归约的方法证明定理 4.1。设 Γ 收到一个 co-DBDH 问题的随机实例 $< P, P^a, P^b, Q, u >$，目的是得到 co-DBDH 问题实例的解答 $u = e(P,Q)^{ab} \in \mathbb{G}_3$。在下面的交互游戏中，$\Gamma$ 将 $\mathcal{A}_{\mathrm{I}}$ 看作是子程序而且扮演 $\mathcal{A}_{\mathrm{I}}$ 的挑战者。

在交互游戏开始之时，挑战者 Γ 通过调用系统初始化算法得到系统参数 $\eta =< p, \mathbb{G}_1, \mathbb{G}_2, \mathbb{G}_3, P, n, y = P^a, H_0, H_1, H_2 >$，之后发送 η 给敌手 $\mathcal{A}_{\mathrm{I}}$。

阶段 1。$\mathcal{A}_{\mathrm{I}}$ 发出多项式有界次适应性询问。

H_0 询问：$\mathcal{A}_{\mathrm{I}}$ 可以选取一系列身份发出对 H_0 预言机的询问。Γ 从集合选取

$q \in \{1,2,\cdots,l_0\}$ 并且将 I_q 看作是挑战的目标身份。收到 $< y, y_i, I_i >$ 的 H_0 询问的时候，挑战者检查初始化为空的列表 L_0 中是否记录有元组 $< y, y_i, I_i >$。如果有，挑战者输出 l_i 给敌手；否则，挑战者做出的响应如下所述。

情况1：如果此次询问是第 q 次询问，挑战者设置 $H_i = Q$，之后发送 H_i 给敌手并且记录 $< y, y_i, I_i, H_i, - >$ 到列表 L_0 中。令 δ 是 $I_i=I_q$ 的概率，其值随后确定。

情况2：如果此次询问不是第 q 次询问，挑战者使用选取的一个随机数 $\lambda \in \mathbb{Z}_p$ 计算 $H_i = P^{\lambda}$，然后发送 H_i 给敌手并且记录 $< y, y_i, I_i, H_i, \lambda >$ 到列表 L_0 中。

H_1 询问：收到 $< r, \rho >$ 的 H_1 询问的时候，挑战者检查初始化为空的列表 L_1 中是否记录有元组 $< r, \rho, \kappa >$。如果有，挑战者输出对称密钥 κ 给敌手；否则，挑战者返回任意选取的对称密钥 $\kappa \in \{0,1\}^n$，之后记录 $< r, \rho, \kappa >$ 到列表 L_1 中。

H_2 询问：收到 $< m, r, y_a, y_b, \rho >$ 的 H_2 询问的时候，挑战者检查起初为空的列表 L_2 中是否记录有匹配元组。如果有，挑战者发送 ϕ 给敌手；否则，挑战者做出的响应分如下两种情况。

情况1：$I_a = I_q$，挑战者设置 $\phi = Q$，之后发送 ϕ 给敌手并且记录 $< m, r, y_a, y_b, \rho, \phi >$ 到列表 L_2 中。

情况2：$I_a \neq I_q$，挑战者设置 $\phi = H_a = P^{\lambda}$，然后发送 H_i 给敌手并且记录 $< m, r, y_a, y_b, \rho, \phi >$ 到列表 L_2 中。

公钥询问：收到身份 I_i 的公钥询问的时候，挑战者检查起初为空的列表 L_3 中是否记录有 $< I_i, x_i, \upsilon_i, y_i, r_i >$。如果有，挑战者将公钥 y_i 发送给敌手；否则，挑战者选取一个随机数 $x_i \in \mathbb{Z}_p$，计算公钥 $y_i = P^{x_i}$，然后输出该公钥给敌手而且记录 $< I_i, x_i, \upsilon_i, y_i, - >$ 到列表 L_3 中。

部分私钥询问：$\mathcal{A}_{\mathrm{I}}$ 在任何时候都可询问身份 I_i 的部分私钥。设在部分私钥询问之前 $\mathcal{A}_{\mathrm{I}}$ 已询问过 H_0 预言机。如果 $I_i = I_q$，挑战者终止仿真；否则，挑战者计算部分私钥 $r_i = P^{\lambda}$，然后发送该部分私钥给敌手并且使用 $< I_i, x_i, \upsilon_i, y_i, r_i >$ 更新列表 L_3。敌手 $\mathcal{A}_{\mathrm{I}}$ 可通过比较等式

$$e(P, r_i) = e(y, H_i)$$

两边的值是否相等来验证部分私钥的有效性。

私钥询问：$\mathcal{A}_{\mathrm{I}}$ 在任何时候都可询问身份 I_i 的私钥。如果 $I_i = I_q$，挑战者终止仿真；否则，挑战者通过调用 H_0 预言机和公钥预言机得到完整私钥 $e_i = < r_i, x_i >$，之后输出该完整私钥给敌手。

公钥替换：$\mathcal{A}_{\mathrm{I}}$ 在指定范围内选取 y_i' 替换身份 I_i 的公钥 y_i。如果 $I_i = I_q$，挑战者终止仿真；否则，挑战者使用 $< I_i, -, \upsilon_i, y_i, r_i >$ 更新列表 L_3。

签密询问：$\mathcal{A}_{\mathrm{I}}$ 在任何时候都可以发出对发送者身份 I_a、接收者身份 I_b 及消息 m 的签密询问。设在签密询问之前，敌手已经询问过 H_0 预言机及公钥预言机。挑战者做出的响应如下所述。

情况 1：如果 $I_a \neq I_q$ 而且 $I_b \neq I_q$，挑战者运行真实的签密算法计算得到一个密文 C，之后发送该密文给敌手。

情况 2：如果 $I_a = I_q$ 而且 $I_b \neq I_q$，挑战者任意选取 $\mu \in \mathbb{Z}_p$，计算 $r = P^{\mu}(yy_a)^{-1}$，然后继续响应如下：

（1）计算 $\rho = e\left(r, r_b Q^{x_b}\right)$。

（2）计算 $\kappa = H_1(r,\rho)$，记录 $<r,\rho,\kappa>$ 到列表 L_1 中。

（3）计算 $c = \mathrm{DEM.Enc}(\kappa, m)$。

（4）计算 $\phi = Q \in \mathbb{G}_2$，记录 $<m,r,y_a,y_b,\rho,\phi>$ 到列表 L_2 中。

（5）计算 $s = \phi^{\mu} \in \mathbb{G}_2$。

（6）输出密文 $C=<r,c,s>$。

敌手 $\mathcal{A}_{\mathrm{I}}$ 可以采用验证等式

$$\begin{aligned}
& e(yy_a, H_a)e(r,\phi) \\
&= e(yy_a, Q)e\left(P^{\mu}(yy_a)^{-1}, \phi\right) \\
&= e(yy_a, Q)e(yy_a, Q)^{-1}e\left(P^{\mu}, \phi\right) \\
&= e\left(P^{\mu}, \phi\right) \\
&= e(P, s)
\end{aligned}$$

就可以检查挑战者 Γ 所返回的密文 $C=<r,c,s>$ 的真实性。

解签密询问：$\mathcal{A}_{\mathrm{I}}$ 在任何时候都可以发出对密文 C、发送者身份 I_a 及接收者身份 I_b 的解签密询问。设在解签密询问之前，敌手已经询问过 H_0 预言机和 H_3 预言机。挑战者做出的应答如下所述。

情况 1：如果 $I_b \neq I_q$ 而且 $I_a \neq I_q$，挑战者运行真实的解签密算法得到一个结果，之后发送该结果给敌手。

情况 2：如果 $I_b = I_q$ 而且 $I_a \neq I_q$，挑战者从列表 L_1 中认真寻找不同 r 值的元组 $<r,\rho,\kappa>$，使得 $\mathcal{A}_{\mathrm{I}}$ 在询问 $<y,r,Q,u>$ 时 co-DBDH 预言机返回的值是 1。如果这种情况发生，挑战者继续反应如下：

（1）计算 $\rho = e\left(r, Q^{x_b}\right)\cdot u$（$x_b$ 可从列表 L_3 或敌手 $\mathcal{A}_{\mathrm{I}}$ 处得到）。

（2）计算 $\kappa = H_1(r,\rho)$。

（3）恢复出明文 $m = \text{DEM.Dec}(\kappa, c)$。

（4）计算 $\phi = H_2(m, r, y_a, y_b, \rho)$。

（5）检查等式 $e(P, s) = e(yy_a, H_a)e(r, \phi)$ 是否成立。如果成立，输出明文 m；否则，输出符号 $\perp$。

挑战。在阶段 1 结束之时，$\mathcal{A}_\text{I}$ 选取长度相同的明文 $< m_0, m_1 >$，同时选取希望挑战的发送者身份 I_a^* 和接收者身份 I_b^*。在阶段1：第一，身份 I_b^* 不能是公钥已被替换和部分私钥被提取的那个身份；第二，$\mathcal{A}_\text{I}$ 不能请求对身份 I_b^* 的秘密值询问。

设在挑战阶段之前，敌手 $\mathcal{A}_\text{I}$ 已调用过 H_0 预言机和公钥预言机。挑战者的响应情况如下所述。

情况 1：如果 $I_b^* \neq I_q$ 而且 $I_a^* \neq I_q$，挑战者终止仿真。

情况 2：如果 $I_b^* = I_q$ 而且 $I_a^* \neq I_q$，挑战者随机选取 $\theta \in \{0,1\}$ 和 $\kappa_0 \in \kappa_{\text{ES-CLHS}}$，然后继续进行回应：

（1）随机选取 $u \in \mathbb{G}_3$。

（2）设置 $r^* = P^b \in \mathbb{G}_3$。

（3）计算 $\rho^* = e\left(r^*, Q^{x_b^*}\right) \cdot u$。

（4）计算 $\kappa_1 = H_1\left(r^*, \rho^*\right)$，记录 $< r^*, \rho^*, \kappa_1 >$ 到列表 L_1 中。

（5）计算 $c^* = \text{DEM.Enc}(\kappa_\theta, m_\theta)$。

（6）计算 $\phi^* = H_2\left(m_\theta, r^*, y_a^*, y_b^*, \rho^*\right)$，记录 $< m_\theta, r^*, y_a^*, y_b^*, \rho^*, \phi^* >$ 到列表 L_2 中。

（7）计算 $s^* = r_a^* \left(r^* y_a^*\right)^\lambda$。

（8）输出挑战密文 $C^* = < r^*, c^*, s^* >$。

阶段 2。$\mathcal{A}_\text{I}$ 像阶段 1 一样发出多项式有界次适应性询问。Γ 也像阶段 1 那样回答询问。受限条件是：第一，$\mathcal{A}_\text{I}$ 不能发出对身份 I_b^* 的秘密值询问；第二，在挑战阶段前，如果身份 I_b^* 的公钥已被替换，该身份的部分私钥不能提取；第三，在挑战阶段后，如果身份 I_b^* 的公钥已被替换，挑战密文 C^* 不能被请求解签密询问。

在 $\mathcal{A}_\text{I}$ 决定结束交互游戏之时，输出 θ 的一个猜测 θ^*。如果 $\theta^* = \theta$，则 Γ 输出 u 作为 co-DBDH 实例问题的解答，即

$$u = e(y, Q)^b = e(P, Q)^{ab}$$

现在分析挑战者在如上所述的交互游戏中利用外部敌手 $\mathcal{A}_{\mathrm{I}}$ 的攻击能力解决 co-DBDH 问题的成功概率。

由上述证明过程可知，$\mathcal{A}_{\mathrm{I}}$ 请求过 l_p 次部分私钥提取询问、l_s 次私钥询问和 l_r 次公钥替换，则 Γ 在阶段 1 或阶段 2 不终止游戏的概率是 $\delta^{l_p+l_s+l_r}$。在挑战阶段，挑战者不终止游戏的概率是 $1-\delta$。由此可见，挑战者不终止游戏的概率是 $\delta^{l_p+l_s+l_r}(1-\delta)$，这个值在

$$\delta=1-\frac{1}{1+l_p+l_s+l_r}$$

处达到最大，即

$$\begin{aligned}&\delta^{l_p+l_s+l_r}(1-\delta)\\&=\frac{1}{1+l_p+l_s+l_r}\left(1-\frac{1}{1+l_p+l_s+l_r}\right)^{l_p+l_s+l_r}\\&=\frac{1}{l_p+l_s+l_r}\left(1-\frac{1}{1+l_p+l_s+l_r}\right)^{1+l_p+l_s+l_r}\\&\geqslant\frac{1}{e(l_p+l_s+l_r)}\end{aligned}$$

以上推导过程说明，挑战者在游戏交互的过程中始终不放弃模拟的概率至少是

$$\frac{1}{e(l_p+l_s+l_r)}$$

挑战者从列表 L_2 均匀选取 co-DBDH 问题实例解答 u 的概率是 $1/l_1$。

由此可得，挑战者解决 co-DBDH 问题的成功概率 ε' 至少是

$$\varepsilon\cdot\frac{1}{el_1}\cdot\frac{1}{l_p+l_s+l_r}$$

定理 4.2 在随机预言模型下，如果存在一个 IND-ES-CLHS-CCA2-II 内部敌手 $\mathcal{A}_{\mathrm{II}}$ 经过 l_i 次对 H_i 预言机的询问（i=0,1,2）和 l_s 次私钥询问后，能以不可忽略的优势 ε 攻破本章的 ES-CLHS 方案在适应性选择密文攻击下的不可区分性，那么一定存在一个挑战算法 Γ 至少以优势

$$\varepsilon'\geqslant\varepsilon\cdot\frac{1}{el_1}\cdot\frac{1}{l_s}$$

解决 co-DBDH 问题（其中 e 是自然对数的底）。

证明　采用归约的方法证明定理 4.2。设 Γ 收到一个 co-DBDH 问题的随机实例 $< P, P^a, P^b, Q, u > \in \mathbb{G}_1$，其目标是计算出 $u = e(P,Q)^{ab} \in \mathbb{G}_3$。$\Gamma$ 扮演 $\mathcal{A}_{\text{II}}$ 的挑战者而且将 $\mathcal{A}_{\text{II}}$ 看作是其子程序在下面的游戏中进行交互。

在交互游戏开始之时，挑战者 Γ 通过运行系统初始化算法获得系统参数 $\eta =< p, \mathbb{G}_1, \mathbb{G}_2, \mathbb{G}_3, P, n, y = P^x, H_0, H_1, H_2 >$，然后输出 $< \eta, x >$ 给敌手。

阶段 1。$\mathcal{A}_{\text{II}}$ 发出多项式有界次适应性询问。

$H_0 \sim H_2$ 询问：$\mathcal{A}_{\text{II}}$ 在任何时候都可以对 $H_0 \sim H_2$ 预言机发出多项式有界次适应性询问。Γ 对适应性询问的响应完全相同于定理 4.1 中的阶段 1。对 $H_0 \sim H_2$ 预言机的询问与应答的具体细节见定理 4.1 中的阶段 1。

公钥询问：$\mathcal{A}_{\text{II}}$ 在任何时候都可以请求对身份 I_i 的公钥询问。Γ 从集合 $\{1,2,\cdots,l_0\}$ 中任意选取一个整数 q，I_q 是挑战的目标身份。挑战者检查起初为空的列表 L_3 中是否存在 $< I_i, x_i, \upsilon_i, y_i, r_i >$。如果有，挑战者将公钥 y_i 发送给敌手；否则，挑战者做出的响应如下所述。

情况 1：如果此次询问是第 q 次询问，挑战者设置公钥 $y_i = P^a$，将该公钥输出给敌手，之后记录 $< I_i, -, \upsilon_i, y_i, - >$ 到列表 L_3 中。令 δ 是 $I_i=I_q$ 的概率，其值随后确定。

情况 2：如果此次询问不是第 q 次询问，挑战者选取一个随机数 $x_i \in \mathbb{Z}_p$，计算公钥 $y_i = P^{x_i}$，输出该公钥给敌手，之后记录 $< I_i, x_i, \upsilon_i, y_i, - >$ 到列表 L_3 中。

私钥询问：$\mathcal{A}_{\text{II}}$ 在任何时候都可对身份 I_i 进行私钥询问。设在私钥询问之前，$\mathcal{A}_{\text{II}}$ 已经调用过 H_0 预言机和公钥预言机。如果此次询问是第 q 次询问，挑战者终止仿真；否则，挑战者选取一个随机数 $\lambda \in \mathbb{Z}_p$，计算部分私钥 $r_i = y^{\lambda}$，输出 $e_i =< x_i, r_i >$ 给敌手，之后使用 $< I_i, x_i, \upsilon_i, y_i, r_i >$ 更新列表 L_3。敌手 $\mathcal{A}_{\text{II}}$ 可通过等式

$$e(P, r_i) = e(y, H_i)$$

验证部分私钥 r_i 的真实性。

签密询问：$\mathcal{A}_{\text{II}}$ 在任何时候都可以提交对三元组 $< m, I_a, I_b >$ 的签密询问。设在签密询问之前，$\mathcal{A}_{\text{II}}$ 已经询问过 H_0 预言机和 H_3 预言机。挑战者做出的响应分两种情况。

情况 1：如果 $I_a \neq I_q$ 而且 $I_b \neq I_q$，挑战者运行真实的签密算法得到一个密文 C，然后输出该密文给敌手。

情况 2：如果 $I_a = I_q$ 而且 $I_b \neq I_q$，挑战者选取一个随机数 $\mu \in \mathbb{Z}_p$，然后继续

响应如下：

（1）计算 $r = P^{\mu}\left(yy_a\right)^{-1}$。

（2）计算 $\rho = e\left(r, r_b Q^{x_b}\right)$。

（3）计算 $\kappa = H_1\left(r, \rho\right)$，记录 $< r, \rho, \kappa >$ 到列表 L_1 中。

（4）计算 $c = \text{DEM.Enc}\left(\kappa, m\right)$。

（5）计算 $\phi = Q \in \mathbb{G}_2$，记录 $< m, r, y_a, y_b, \rho, \phi >$ 到列表 L_2 中。

（6）计算 $s = \phi^{\mu} \in \mathbb{G}_2$。

（7）输出密文 $C = < r, c, s >$。

$\mathcal{A}_{\text{II}}$ 可以使用验证等式

$$
\begin{aligned}
& e\left(yy_a, H_a\right)e\left(r, \phi\right) \\
= & e\left(yy_a, Q\right)e\left(P^{\mu}\left(yy_a\right)^{-1}, \phi\right) \\
= & e\left(yy_a, Q\right)e\left(yy_a, Q\right)^{-1}e\left(P, \phi^{\mu}\right) \\
= & e\left(P, \phi^{\mu}\right) \\
= & e\left(P, s\right)
\end{aligned}
$$

来检查挑战者输出的密文 C 的有效性。

解签密询问：$\mathcal{A}_{\text{II}}$ 在任何时候都可以提交对三元组 $< C, I_a, I_b >$ 的解签密询问。设在解签密询问之前，敌手已经询问过 H_2 预言机和 H_0 预言机。挑战者分两种情况做出响应。

情况 1：如果 $I_b \neq I_q$ 而且 $I_a \neq I_q$，挑战者运行真实的解签密算法获得一个结果，之后输出该结果给敌手。

情况 2：如果 $I_b = I_q$ 而且 $I_a \neq I_q$，挑战者从列表 L_1 中仔细寻找不同 r 值的元组 $< r, \rho, \kappa >$，使得敌手在询问 $< y_b, r, Q, u >$ 时 co-DBDH 预言机返回的值为 1。如果这样的情况发生，挑战者继续应答如下：

（1）计算 $\rho = e\left(r, Q^{x}\right) \cdot u$。

（2）计算 $\kappa = H_1\left(r, \rho\right)$。

（3）恢复出明文 $m = \text{DEM.Dec}\left(\kappa, c\right)$。

（4）计算 $\phi = H_2\left(m, r, y_a, y_b, \rho\right)$。

（5）如果 $e\left(P, s\right) = e\left(yy_a, H_a\right)e\left(r, \phi\right)$ 成立，返回明文 m；否则，返回符号 $\perp$。

挑战。在阶段 1 结束之时，$\mathcal{A}_{\text{II}}$ 输出给 Γ 长度相同的明文 $< m_0, m_1 >$ 及希

望挑战的发送者身份 I_a*和接收者身份 I_b*。在阶段 1，身份 I_b*的秘密值不能被提取。

设在挑战阶段之前，敌手已经调用过公钥预言机与 H_0 预言机。Γ 做出的应答如下所述。

情况 1：如果 $I_b^* \neq I_q$ 而且 $I_a^* \neq I_q$，挑战者终止仿真。

情况 2：如果 $I_b^* = I_q$ 而且 $I_a^* \neq I_q$，挑战者任意选取 $\theta \in \{0,1\}$ 和 $\kappa_0 \in \kappa_{\text{ES-CLHS}}$，设置 $r^* = P^b \in \mathbb{G}_3$，然后继续进行响应：

（1）随机选取 $u \in \mathbb{G}_3$。

（2）计算 $\rho^* = e\left(r^*, Q^x\right) \cdot u$。

（3）计算 $\kappa_1 = H_1\left(r^*, \rho^*\right)$，将 $< r^*, \rho^*, \kappa_1 >$ 存储到列表 L_1 中。

（4）计算 $c^* = \text{DEM.Enc}\left(\kappa_\theta, m_\theta\right)$。

（5）计算 $\phi^* = H_2\left(m_\theta, r^*, y_a^*, y_b^*, \rho^*\right)$，将 $< m_\theta, r^*, y_a^*, y_b^*, \rho^*, \phi^* >$ 存储到列表 L_2 中。

（6）计算 $s^* = r_a^*\left(r^* y_a^*\right)^\lambda$。

（7）输出挑战密文 $C^* = < r^*, c^*, s^* >$。

阶段 2。$\mathcal{A}_{\text{II}}$ 在这个阶段像阶段 1 那样执行多项式有界次适应性询问。挑战者像阶段 1 那样进行响应。受限条件是：第一，敌手不能提取身份 I_b*的秘密值；第二，敌手不能针对挑战密文 C*询问解签密预言机。

在 $\mathcal{A}_{\text{I}}$ 决定结束交互游戏之时，输出 θ 的一个猜测 θ^*。如果 $\theta^* = \theta$，则挑战者输出 u 作为 co-DBDH 实例问题的解答，即

$$u = e\left(y_b^*, Q\right)^b = e(P, Q)^{ab}$$

现在分析挑战者在如上所述的交互游戏中利用内部敌手 $\mathcal{A}_{\text{II}}$ 的能力解决 co-DBDH 问题的成功概率。

由上述证明过程可知，$\mathcal{A}_{\text{II}}$ 请求了 l_s 次私钥询问，则挑战者在阶段 1 或阶段 2 不终止模拟的概率是 δ^{l_s}。挑战者在挑战阶段不终止游戏的概率是 $1-\delta$。可得挑战者不终止游戏的概率是 $\delta^{l_s}(1-\delta)$，这个值在

$$\delta = 1 - \frac{1}{1 + l_s}$$

处达到最大。由上可以推导出挑战者不终止对整个游戏模拟的概率至少是

$$\frac{1}{e} \cdot \frac{1}{l_s}$$

挑战者从列表 L_1 中均匀选取 u 作为 co-DBDH 问题实例解答的概率至少是 $1/l_1$。

由此可得，挑战者解决 co-DBDH 问题的成功概率 ρ 至少是

$$\varepsilon \cdot \frac{1}{el_1} \cdot \frac{1}{l_s}$$

4.4.2 不可伪造性

定理 4.3 在随机预言模型下，如果一个 UF-ES-CLHS-CMA-I 外部伪造者 $\mathcal{F}_{\mathrm{I}}$ 请求最多 l_i 次对 H_i 预言机的询问（i=0,1,2）、l_p 次部分私钥询问、l_s 次私钥询问及 l_r 次公钥替换之后，能以不可忽略的优势 ε 伪造一个有效密文，则一定存在一个挑战算法 Γ 至少以优势

$$\varepsilon' \geqslant \varepsilon \cdot \frac{1}{e\left(l_p + l_s + l_r\right)}$$

解决 co-CDH 问题（在这里 e 是自然对数的底）。

证明 采用归约的方法证明定理4.3。设 Γ 收到一个 co-CDH 问题的随机实例 $< P, P^a, Q >$，其目标是计算出 $Q^a \in \mathbb{G}_2$。在下面的交互游戏中，Γ 将伪造者 $\mathcal{F}_{\mathrm{I}}$ 看作是子程序并且扮演 $\mathcal{F}_{\mathrm{I}}$ 的挑战者。

在交互游戏开始之时，挑战者 Γ 通过运行系统初始化算法计算得到系统参数 $\eta =< p, \mathbb{G}_1, \mathbb{G}_2, \mathbb{G}_3, P, n, y = P^a, H_0, H_1, H_2 >$，之后输出 η 给伪造者 $\mathcal{F}_{\mathrm{I}}$。

训练。在这个阶段，$\mathcal{F}_{\mathrm{I}}$ 像定理 4.2 中的阶段 1 那样对各种预言机请求多项式有界次适应性询问。挑战者对适应性询问的应答和定理 4.1 的阶段 1 完全相同。

伪造。在训练阶段结束之时，$\mathcal{F}_{\mathrm{I}}$ 输出一个伪造的三元组 $< C^*, I_a{}^*, I_b{}^* >$ 给 Γ，在这里 $< I_a{}^*, I_b{}^* >$ 分别是发送者和接收者的身份。在训练阶段：第一，$\mathcal{F}_{\mathrm{I}}$ 不能提取身份 $I_b{}^*$ 的秘密值和部分私钥；第二，身份 $I_b{}^*$ 不能是公钥已被替换的那个身份；第三，C^* 不能是源自 $\mathcal{F}_{\mathrm{I}}$ 对某个 $< I_a{}^*, I_b{}^*, m^* >$ 签密询问的回答。

如果此次询问不是第 q 次询问，挑战者终止仿真；否则，挑战者调用 H_0 预言机、H_1 预言机和公钥预言机，输出 co-CDH 问题实例的解答

$$Q^a = \frac{\left(r^*\right)^{-\lambda} s^*}{Q^{x_a{}^*}}$$

如果挑战者在上述交互游戏中赢得胜利，则等式

$$\begin{aligned} e\left(P,s^*\right) &= e\left(yy_a{}^*,H_a{}^*\right)e\left(r^*,\phi^*\right) \\ &= e\left(y,Q\right)e\left(y_a{}^*,Q\right)e\left(r^*,P^{\lambda}\right) \\ &= e\left(P,Q^a\right)e\left(P,Q^{x_a{}^*}\right)e\left(P,\left(r^*\right)^{\lambda}\right) \end{aligned}$$

是成立的。

现在分析挑战者 Γ 在如上所述的交互游戏中利用外部伪造者 $\mathcal{F}_{\mathrm{I}}$ 的能力解决 co-CDH 问题的成功概率。

根据定理4.1中的概率分析可得，挑战者在定理4.3中的交互游戏进行的过程中始终都不放弃仿真的概率至少是

$$\frac{1}{e\left(l_p+l_s+l_r\right)}$$

由此可得，挑战者利用伪造者 $\mathcal{F}_{\mathrm{I}}$ 的能力解决 co-CDH 问题的成功概率 ρ 至少是

$$\varepsilon\cdot\frac{1}{e\left(l_p+l_s+l_r\right)}$$

定理 4.4　在随机预言模型下，如果一个 UF-ES-CLHS-CMA-II 伪造者 $\mathcal{F}_{\mathrm{II}}$ 请求 l_i 次对 H_i 预言机的询问（i=0,1,2）和 l_s 次私钥询问后，能以不可忽略的优势 ε 伪造一个有效密文，则一定存在一个挑战算法 Γ 至少以优势

$$\varepsilon'\geqslant\varepsilon\cdot\frac{1}{el_s}$$

解决 co-CDH 问题（在这里 e 是自然对数的底）。

证明　采用归约的方法证明定理4.4。设 Γ 收到一个 co-CDH 问题的随机实例 $<P,P^a,Q>$，其目的是计算出 $Q^a\in\mathbb{G}_2$。在游戏进行交互的过程中，Γ 扮演伪造者 $\mathcal{F}_{\mathrm{II}}$ 的挑战者并且将 $\mathcal{F}_{\mathrm{II}}$ 看作是子程序。

在交互游戏开始之时，挑战者 Γ 通过执行系统初始化算法计算获得 $\eta=<p,\mathbb{G}_1,\mathbb{G}_2,\mathbb{G}_3,P,n,y=P^x,H_0,H_1,H_2>$，之后输出 $<\eta,x>$ 给伪造者 $\mathcal{F}_{\mathrm{II}}$。

训练。在这个阶段，$\mathcal{F}_{\mathrm{II}}$ 像定理4.2中的阶段1那样对各种预言机发出多项式有界次适应性询问。挑战者做出的响应和定理4.2的阶段1完全相同。

伪造。在训练阶段结束之时，$\mathcal{F}_{\mathrm{II}}$ 输出一个伪造的三元组 $<C^*,I_a{}^*,I_b{}^*>$ 给挑战者，在这里 $<I_a{}^*,I_b{}^*>$ 分别是发送者和接收者的身份。在训练阶段：第一，$\mathcal{F}_{\mathrm{II}}$ 不能提取身份 $I_a{}^*$ 的秘密值；第二，C^* 不能是来自 $\mathcal{F}_{\mathrm{II}}$ 对某个 $<I_a{}^*,I_b{}^*,m^*>$ 签

密询问的响应。

如果此次询问不是第 q 次询问，挑战者终止仿真；否则，挑战者调用公钥预言机、H_0 预言机和 H_1 预言机，输出 co-CDH 问题实例的解答

$$Q^a = \frac{\left(r^*\right)^{-\lambda} s^*}{Q^x}$$

如果挑战者在上述交互游戏中获得成功，则等式

$$\begin{aligned} e\left(P,s^*\right) &= e\left(yy_a{}^*,H_a{}^*\right)e\left(r^*,\phi^*\right) \\ &= e\left(y,Q\right)e\left(y_a{}^*,Q\right)e\left(r^*,P^\lambda\right) \\ &= e\left(P,Q^x\right)e\left(P,Q^a\right)e\left(P,\left(r^*\right)^\lambda\right) \end{aligned}$$

是成立的。

现在分析挑战者 Γ 在如上所述的交互游戏中利用内部伪造者 $\mathcal{F}_{\text{II}}$ 的能力解决 co-CDH 问题的成功概率。

根据定理4.2中的概率分析可知，挑战者在定理4.4中的游戏交互的过程中始终都不放弃仿真的概率至少是

$$\frac{1}{e}\cdot\frac{1}{l_s}$$

由此可得，挑战者利用伪造者 $\mathcal{F}_{\text{II}}$ 的能力解决 co-CDH 问题的成功概率 ρ 至少是

$$\varepsilon\cdot\frac{1}{el_s}$$

4.5 性 能 分 析

本节将对本章的 ES-CLHS 方案和几个已有密码方案的计算效率和通信代价进行分析，并且比较本章的 ES-CLHS 方案和已有密码方案的安全属性。标准模型下可证明安全的密码方案的计算复杂度高于随机预言模型下可证明安全的密码方案[5]。因此，在下面的分析和比较中仅仅考虑在随机预言模型下使用双线性映射设计的无证书混合签密方案。

在表4.1中，Len表示签密密文的长度，Pair表示在乘法循环群上双线性对操作的次数，Exp 表示双线性对上指数操作的次数，Mul 表示加法循环群或乘法循环群上乘法操作的次数；x（$+y$）中 x 表示签密算法中的操作次数，y 表示解签密

算法中的操作次数。此外，$|\mathbb{G}|$ 表示加法循环群上一个元素的长度，$|\mathbb{G}_i|$（i=1,2）表示乘法循环群上一个元素的长度。

表 4.1　几个密码方案的计算效率和通信代价分析

方案	Mul	Exp	Pair	Len
文献[1]中的方案	4（+1）	1（+0）	1（+5）	$2\|\mathbb{G}\|+n$
文献[10]中的方案	5（+1）	1（+0）	1（+5）	$2\|\mathbb{G}\|+n$
文献[11]中的方案	3（+0）	2（+1）	2（+6）	$2\|\mathbb{G}\|+n$
文献[16]中的方案	5（+1）	1（+1）	1（+4）	$2\|\mathbb{G}\|+n$
文献[17]中的方案	3（+0）	2（+1）	3（+4）	$2\|\mathbb{G}\|+\|r\|+n$
本章的 ES-CLHS 方案	3（+2）	1（+1）	1（+4）	$\|\mathbb{G}_1\|+\|\mathbb{G}_2\|+n$

表 4.2 对本章的 ES-CLHS 方案和已有密码方案的安全属性进行了比较。表中，yes 表示所比较的密码方案满足保密性或不可伪造性；no 表示所比较的密码方案不满足保密性或不可伪造性。可以看出，所比较的方案均具有保密性和不可伪造性。

表 4.2　几个密码方案的安全属性比较

方案	保密性	不可伪造性
文献[1]中的方案	yes	yes
文献[10]中的方案	yes	yes
文献[11]中的方案	yes	yes
文献[16]中的方案	yes	yes
文献[17]中的方案	yes	yes
本章的 ES-CLHS 方案	yes	yes

通过表4.1和表4.2的分析和比较，可以看出表中的这些密码方案都是使用双线性映射在随机预言模型下设计的，其中本章的 ES-CLHS 方案是使用三个乘法循环群设计的，而其他密码方案都是使用一个加法循环群和一个乘法循环群设计的。

4.6　本 章 小 结

使用三个乘法循环群设计的 ES-CLHS 方案，在随机预言模型下能够抵制外部攻击者和内部攻击者。本章的 ES-CLHS 方案允许接收者获得一个来自发送者的签密密文。如果发送者的私钥泄露，一个攻击者不可能从签密密文中恢复消息；如果接收者的私钥被泄露，一个攻击者也不可能伪造出一个有效的签密密文。

参考文献

[1] Barbosa M, Farshim P. Certificateless signcryption// Proceedings of the ASICC, 2008: 18-20

[2] Bellare M, Rogaway P. Random oracles are practical: a paradigm for designing efficient protocols// Proceedings of the first ACM Conference on Computer and Communications Security, 1993: 62-73

[3] Canetti R, Goldreich O, Halevi S. The random oracle methodology, revisited. Journal of the ACM, 2004, 51（4）: 557-594

[4] 杨波. 现代密码学. 4 版. 北京: 清华大学出版社, 2017

[5] 何大可, 彭代渊, 唐小虎, 等. 现代密码学. 北京: 人民邮电出版社, 2009

[6] Liu Z, Hu Y, Zhang X, et al. Certificateless signcryption scheme in the standard model. Information Sciences, 2010, 180（3）: 452-464

[7] Zhu H, Li H, Wang Y. Certificateless signcryption scheme without pairing. Journal of Computer Research and Development, 2010, 47（9）:1587-1594

[8] Yu H F, Yang B. Pairing-free and secure certificateless signcryption scheme. Computer Journal, 2017, 60（8）: 1187-1196

[9] Yu H F, Yang B. Low-computation certificateless signcryption scheme. Frontiers of Information Technology & Electronic Engineering, 2016: 1-15

[10] Li F G, Shirase M, Takagi T. Certificateless hybrid signcryption. Mathematical and Computer Modelling, 2013, 57（3-4）:324-343

[11] 俞惠芳, 杨波. 可证安全的无证书混合签密. 计算机学报, 2015, 38（4）: 804-813

[12] 孙银霞, 李晖. 高效无证书混合签密. 软件学报, 2011, 22（7）: 1690-1698

[13] Cheng L, Wen Q. An improved certificateless signcryption in the standard model. International Journal of Network Security, 2015, 17（5）: 597-606

[14] Miao S, Zhang F, Li S, et al. On security of a certificateless signcryption scheme. Information Sciences, 2013, 232: 475-481

[15] Weng J, Yao G, Deng R, et al. Cryptanalysis of a certificateless signcryption scheme in the standard model. Information Sciences, 2001, 181（3）: 661-667

[16] Ma L Y, Zhuo Z P, Lian Y Z. New certificateless signcryption scheme. Journal of Jilin Normal University（Natural Science Edition）, 2014, 3: 93-95

[17] Liu Z Y. Secure certificateless signcryption scheme. Application Research of Computers, 2013, 30（5）: 1533-1535

第 5 章　PS-CLHS 方案

5.1　引　言

基于身份的公钥密码系统（IB-PKC）不要求可信机构颁发证书来绑定用户身份和公钥，如果用户量突然增多，系统性能也不会受到影响，简化了证书的管理和降低了计算开销，可是私钥生成器（PKG）知道所有用户的私钥。2003年在亚密会上提出的无证书公钥密码系统（CL-PKC）很好地解决了 IB-PKC 中的密钥托管问题和传统的公钥密码系统（TPKC）中的证书管理问题，用户的完整私钥由密钥生成中心和用户共同确定，用户公钥由用户自己计算得出。CL-PKC 一直是密码学界的一个重要研究方向，CL-PKC 和具有特性的签密技术结合在一起可设计具有特性的无证书签密方案。

Barbosa 等[1]提出了首个无证书签密方案，经过分析发现该方案在实现过程中需要 6 个双线性对运算，计算效率较低。Wu 等[2]设计的无证书签密方案在实现过程中需要 4 个双线性对运算，虽然计算量有所减少，但不具有机密性和不可伪造性。Xie 等[3]设计了一个低计算复杂度的无证书签密方案，但文献[4]说明该方案是不安全的。Liu 等[5]提出了一个没有随机预言机的无证书签密方案，但文献[6][7]指出该方案不是内部安全的并且给出了详细的攻击过程。2010 年 Li 等[8]构造了一个可证明安全的使用双线性对的无证书签密方案。2011 年于刚等[9]提出了一种具有代理解签密功能的无证书签密方案。2012 年刘连东等[10]设计了一种没有随机预言机的无证书广义签密方案。无证书公钥认证方法下的签密方案的加密和签名过程都是使用非对称密码技术实现的。使用非对称技术实现的无证书签密方案通常对明文空间有限制或要求明文属于某个群。为了实现任意长度消息的安全通信的密码学应用需求，密码学家提出了无证书混合签密方案[11-15]。无证书混合签密方案的无证书签密 KEM 和 DEM 相互独立，可以分开研究各自的安全性。

无证书混合签密是混合密码学[16-22]的一个重要研究方向，也是公钥密码学的一个分支。无证书混合签密兼顾了密码学应用中的安全性和高效性，是内部安全的公钥密码体制的通用解决方法。目前已有一些无证书混合签密方案的研究[11-15]，但是从计算速度和安全性角度出发，设计高效可证明安全的无证书混合签密方案仍然是一个重要而有趣的研究问题。

本章给出使用双线性映射的可证明安全的无证书混合签密（Provably Secure Certificateless Hybrid Signcryption Scheme, PS-CLHS）方案的算法模型和形式化安全定义，进而设计一个使用双线性映射的 PS-CLHS 实例方案。之后说明本章设计的 PS-CLHS 方案具有 IND-CCA2 安全性和 UF-CMA 安全性。

5.2 形式化定义

5.2.1 算法定义

一个 PS-CLHS 方案的算法模型[23]可以通过如下六个概率多项式时间算法来定义。

1. 系统初始化

由密钥生成中心（KGC）完成该系统初始化算法。输入一个安全参数 k，该算法输出系统参数 ρ 和主密钥 x。

2. 用户钥生成

由拥有身份 I_i（I_a 表示发送者的身份，I_b 表示接收者的身份）的用户完成该用户钥生成算法。输入用户身份 I_i，该算法输出该用户的秘密值 x_i 和公钥 P_i。

3. 部分钥提取

由 KGC 完成该部分私钥生成算法。输入 $<\rho,x,I_i>$（i 是 a 或 b），该算法输出拥有身份 I_i 的用户的部分私钥 d_i。

4. 私钥提取

由拥有身份 I_i 的用户完成该私钥提取算法。输入拥有身份 I_i（i 是 a 或 b）的用户的部分私钥 d_i 和秘密值 x_i，该算法输出该用户的完整私钥 $s_i=<x_i,d_i>$。

5. 签密

由拥有身份 I_a 的发送者完成该签密算法。输入 $<\rho,I_a,I_b,m,s_a,P_a,P_b>$，该算法输出一个密文 C 给拥有身份 I_b 的接收者。

6. 解签密

由拥有身份 I_b 的接收者完成该解签密算法。输入 $<\rho,I_a,I_b,C,s_b,P_a,P_b>$，该算法根据验证等式是否成立决定输出恢复出的明文 m 还是表示解签密失败的标志⊥。

5.2.2　安全模型

本节给出了 PS-CLHS 方案的形式化安全定义。一个 PS-CLHS 方案必须满足保密性（适应性选择密文攻击下的不可区分性）和不可伪造性（适应性选择明文攻击下的存在性不可伪造）。模型中不允许进行发送者和接收者身份相同的询问。

为了形式化安全定义 PS-CLHS 方案的保密性和不可伪造性，需要考虑两种类型的攻击者。类型 I 的攻击者 $\mathcal{A}_{\mathrm{I}}$ 或 $\mathcal{F}_{\mathrm{I}}$ 不知道 KGC 的主控钥，但是能够适应性替换任意用户的公钥；类型 II 的攻击者 $\mathcal{A}_{\mathrm{II}}$ 或 $\mathcal{F}_{\mathrm{II}}$ 知道 KGC 的主密钥，但是不具备替换任意用户公钥的能力。

1. 保密性

现在描述挑战者 Γ 和外部敌手 $\mathcal{A}_{\mathrm{I}}$ 之间进行的交互游戏 IND-PS-CLHS-CCA2-I。

初始化。挑战者 Γ 运行系统初始化算法得到系统参数 ρ 和主密钥 x。Γ 发送系统参数 ρ 给敌手 $\mathcal{A}_{\mathrm{I}}$，但是保留 x 的秘密。

阶段 1。$\mathcal{A}_{\mathrm{I}}$ 进行如下多项式有界次适应性询问。

公钥询问：$\mathcal{A}_{\mathrm{I}}$ 在任何时候都可以请求身份 I_i 的公钥。Γ 调用用户密钥生成算法计算出公钥 P_i，然后发送该公钥给敌手 $\mathcal{A}_{\mathrm{I}}$。

部分私钥询问：$\mathcal{A}_{\mathrm{I}}$ 在任何时候都可以请求身份 I_i 的部分私钥。Γ 调用部分钥生成算法，之后将计算得到的部分私钥 d_i 发送给敌手 $\mathcal{A}_{\mathrm{I}}$。

私钥询问：$\mathcal{A}_{\mathrm{I}}$ 在任何时候都可以请求身份 I_i 的私钥。Γ 从相关列表中找到该身份的秘密值 x_i 和部分私钥 d_i 的条目，之后发送完整私钥 $s_i =< x_i, d_i >$ 给敌手 $\mathcal{A}_{\mathrm{I}}$。如果身份 I_i 的公钥已经被敌手替换了，则敌手不能对该身份的秘密值进行询问。

公钥替换：$\mathcal{A}_{\mathrm{I}}$ 可以在适当的范围之内选择任意值替换任意身份 I_i 的公钥。

签密询问：$\mathcal{A}_{\mathrm{I}}$ 在任何时候都可以提交对消息 m、发送者身份 I_a 及接收者身份 I_b 的签密询问。Γ 通过运行签密算法计算获得消息 m 的一个密文 C，然后将该密文 C 给发送敌手 $\mathcal{A}_{\mathrm{I}}$。

解签密询问：$\mathcal{A}_{\mathrm{I}}$ 在任何时候都可以对密文 C、发送者身份 I_a 及接收者身份 I_b 询问解签密预言机。Γ 通过运行解签密算法得到一个结果，然后发送该结果给敌手 $\mathcal{A}_{\mathrm{I}}$。

挑战。在阶段 1 结束的时候，$\mathcal{A}_{\rm I}$ 选取长度相同的明文 $< m_0, m_1 >$ 及希望挑战的发送者身份 I_a^* 和接收者身份 I_b^*。在阶段 1：第一，身份 I_b^* 的公钥不能被替换；第二，身份 I_b^* 的部分私钥和秘密值不能被询问。

Γ 查询有关列表找到 $< s_a^*, P_a^*, P_b^* >$ 并且任意选取 $\gamma \in \{0,1\}$，然后输出计算得到的挑战密文

$$C^* = \mathrm{Signcrypt}\left(\rho, I_a^*, I_b^*, m_\gamma, s_a^*, P_a^*, P_b^*\right)$$

阶段 2。$\mathcal{A}_{\rm I}$ 像阶段 1 那样继续对各种预言机进行多项式有界次询问，Γ 也像阶段 1 那样对适应性询问做出应答。受限条件是：第一，身份 I_b^* 的秘密值和部分私钥不能被提取；第二，身份 I_b^* 不能是公钥已被替换的那个身份；第三，$\mathcal{A}_{\rm I}$ 不能针对挑战密文 C^* 询问解签密预言机。

在结束交互游戏之时，$\mathcal{A}_{\rm I}$ 输出一个猜测 γ^*。如果 $\gamma^* = \gamma$，则意味着 $\mathcal{A}_{\rm I}$ 赢得 IND-PS-CLHS-CCA2-I。

$\mathcal{A}_{\rm I}$ 在 IND-PS-CLHS-CCA2-I 中获胜优势可以定义为

$$\mathrm{Adv}_{\mathcal{A}_{\rm I}}^{\text{IND-PS-CLHS-CCA2-I}}(k) = |\Pr[\gamma^* = \gamma] - 1/2|$$

现在描述挑战者 Γ 和内部敌手 $\mathcal{A}_{\rm II}$ 之间进行的交互游戏 IND-PS-CLHS-CCA2-II。

初始化。挑战者 Γ 执行系统初始化算法生成系统参数 ρ 和主密钥 x，之后输出 $< \rho, x >$ 给敌手 $\mathcal{A}_{\rm II}$。

阶段 1。$\mathcal{A}_{\rm II}$ 发出如下多项式有界次适应性询问。

公钥询问：$\mathcal{A}_{\rm II}$ 在任何时候都可以询问身份 I_i 的公钥。Γ 运行用户钥生成算法，之后输出得到的公钥 P_i 给敌手 $\mathcal{A}_{\rm II}$。

私钥询问：$\mathcal{A}_{\rm II}$ 在任何时候都可以发出对身份 I_i 的私钥询问。Γ 查询相关列表找到身份 I_i 的秘密值 s_i 和部分私钥 d_i，之后将完整私钥 $s_i =< x_i, d_i >$ 发送给敌手 $\mathcal{A}_{\rm II}$。

签密询问：$\mathcal{A}_{\rm II}$ 在任何时候都可以对消息 m、发送者身份 I_a 和接收者身份 I_b 进行签密询问。Γ 通过调用签密算法计算得到消息 m 的一个密文 C，之后将该密文 C 返回给敌手 $\mathcal{A}_{\rm II}$。

解签密询问：$\mathcal{A}_{\rm II}$ 在任何时候都可对密文 C、发送者身份 I_a 及接收者身份 I_b 进行解签密询问。Γ 通过调用解签密算法获得一个结果，之后输出该结果给敌手 $\mathcal{A}_{\rm II}$。

挑战。在阶段 1 结束的时候，$\mathcal{A}_{\rm II}$ 产生长度相同的明文 $< m_0, m_1 >$ 及希望挑战的发送者身份 I_a^* 和接收者身份 I_b^*。在阶段 1，敌手 $\mathcal{A}_{\rm II}$ 不能发出对身份 I_b^* 的秘密值询问。

Γ 选取任意的 $\gamma \in \{0,1\}$ 并且搜索有关列表获得 $< s_a^*, P_a^*, P_b^* >$，之后返回计算出的挑战密文

$$C^* = \mathrm{Signcrypt}\left(\rho, I_a^*, I_b^*, m_\gamma, s_a^*, P_a^*, P_b^*\right)$$

阶段 2。$\mathcal{A}_{\mathrm{II}}$ 在这个阶段像阶段 1 那样继续对各种预言机进行多项式有界次适应性询问。Γ 像阶段 1 那样对适应性询问做出回答。受限条件是：第一，身份 I_b^* 的秘密值不能被提取；第二，敌手不能针对挑战密文 C^* 询问解签密预言机。

在交互游戏结束之时，$\mathcal{A}_{\mathrm{II}}$ 输出一个猜测 γ^*。如果 $\gamma^* = \gamma$，则意味着 $\mathcal{A}_{\mathrm{II}}$ 赢得 IND-PS-CLHS-CCA2-II。

$\mathcal{A}_{\mathrm{II}}$ 在 IND-PS-CLHS-CCA2-II 中获胜优势可以定义为

$$\mathrm{Adv}_{\mathcal{A}_{\mathrm{II}}}^{\text{IND-PS-CLHS-CCA2-II}}(k) = |\Pr[\gamma^* = \gamma] - 1/2|$$

定义 5.1　如果任何多项式有界的敌手 $\mathcal{A}_{\mathrm{I}}$（相应的 $\mathcal{A}_{\mathrm{II}}$）赢得 IND-PS-CLHS-CCA2-I（相应的 IND-PS-CLHS-CCA2-II）的优势是可忽略的，则称一个 PS-CLHS 方案在适应性选择密文攻击下具有不可区分性[23]。

2. 不可伪造性

现在描述挑战者 Γ 和外部伪造者 $\mathcal{F}_{\mathrm{I}}$ 之间进行的交互游戏 UF-PS-CLHS-CMA-I。

初始化。挑战者 Γ 运行系统初始化算法得到系统参数 ρ 和主密钥 x。之后 Γ 返回 ρ 给伪造者 $\mathcal{F}_{\mathrm{I}}$，但是保留 x。

训练。$\mathcal{F}_{\mathrm{I}}$ 在这个阶段涉及的所有询问和挑战者的所有回答完全相同于 IND-PS-CLHS-CCA2-I 的阶段 1。

伪造。在训练阶段结束之时，$\mathcal{F}_{\mathrm{I}}$ 发送给挑战者一个伪造的三元组 $< C^*, I_a^*, I_b^* >$。在训练阶段：第一，$\mathcal{F}_{\mathrm{I}}$ 既不能询问身份 I_a^* 的部分私钥和秘密值也不能替换身份 I_a^* 的公钥；第二，伪造密文 C^* 不能是来自 $\mathcal{F}_{\mathrm{I}}$ 的签密询问的应答。如果

$$\mathrm{Unsigncrypt}\left(\eta, id_a^*, id_b^*, C^*, s_b^*, y_a^*, y_b^*\right)$$

的结果不是符号 $\perp$（$< s_a^*, y_a^*, y_b^* >$ 可从有关列表得到），则伪造者在 UF-PS-CLHS-CMA-I 中伪造成功。

如果 Win 表示 $\mathcal{F}_{\mathrm{I}}$ 在 UF-PS-CLHS-CMA-I 中获得成功的事件，则 $\mathcal{F}_{\mathrm{I}}$ 在 UF-PS-CLHS-CMA-I 中获胜优势可定义为

$$\mathrm{Adv}_{\mathcal{F}_{\mathrm{I}}}^{\text{UF-PS-CLHS-CMA-I}}(k) = |\mathrm{Win}|$$

现在描述挑战者 Γ 和内部伪造者 $\mathcal{F}_{\mathrm{II}}$ 之间进行的交互游戏 UF-PS-CLHS-CMA-I。

初始化。挑战者 Γ 运行系统初始化算法，之后输出得到的系统参数 ρ 和主密钥 x 给伪造者 $\mathcal{F}_{\mathrm{II}}$。

训练。$\mathcal{F}_{\mathrm{II}}$ 在这个阶段所进行的所有适应性询问和 Γ 对这些询问的回答完全相同于 IND-PS-CLHS-CCA2-II 的阶段 1。

伪造。在训练阶段结束之时，$\mathcal{F}_{\mathrm{II}}$ 输出给挑战者一个伪造的三元组 $<C^*, I_a^*, I_b^*>$。在训练阶段：第一，伪造者不能询问身份 I_a^*的秘密值；第二，伪造密文 C^*不能是来自 $\mathcal{F}_{\mathrm{II}}$ 的签密询问的应答。如果

$$\mathrm{Unsigncrypt}\left(\eta, id_a^*, id_b^*, C^*, s_b^*, y_a^*, y_b^*\right)$$

的结果不是符号 ⊥（$<s_a^*, y_a^*, y_b^*>$ 可从有关列表查询到），则伪造者在 IND-PS-CLHS-CCA2-II 中伪造成功。

如果 Win 表示伪造者在 UF-PS-CLHS-CMA-II 中获得成功的事件，则伪造者在 UF-PS-CLHS-CMA-II 中获胜优势可定义为

$$\mathrm{Adv}_{\mathcal{F}_{\mathrm{II}}}^{\text{UF-PS-CLHS-CMA-II}}(k) = |\mathrm{Win}|$$

定义 5.2　如果任何多项式有界的伪造者 $\mathcal{F}_{\mathrm{I}}$（相应的 $\mathcal{F}_{\mathrm{II}}$）赢得 UF-PS-CLHS-CMA-I（相应的 UF-PS-CLHS-CMA-II）的优势是可忽略的，则称一个 PS-CLHS 方案在适应性选择明文攻击下具有不可伪造性[23]。

5.3　PS-CLHS 实例方案

本节给出了一个 PS-CLHS 实例方案[23]，算法模块细节如下所述。

1. *系统初始化*

KGC 选择一个 k 比特的大素数 q，$\mathbb{G}_1$ 是一个具有素数阶 q 的加法循环群，$\mathbb{G}_2$ 是一个具有相同阶的乘法循环群，$P \in \mathbb{G}_1$ 是循环群 $\mathbb{G}_1$ 的一个生成元，$e: \mathbb{G}_1 \times \mathbb{G}_1 \to \mathbb{G}_2$ 是一个双线性映射。KGC 随机选取系统主密钥 $x \in \mathbb{Z}_q^*$，然后计算系统公钥 $P_{pub} = xP$。KGC 选取密码学安全的哈希函数：$H_1: \{0,1\}^* \to \mathbb{G}_1$，$H_2: \mathbb{G}_2{}^2 \times \mathbb{G}_1 \to \{0,1\}^n$，$H_3: \{0,1\}^{*2} \times \{0,1\}^n \times \mathbb{G}_1{}^3 \to \mathbb{G}_1$，在这里 n 是 DEM 的对称密钥长度。最后，KGC 保密 x 但公布系统参数

$$\rho = <\mathbb{G}_1, \mathbb{G}_2, e, P, P_{pub}, n, H_1, H_2, H_3>$$

2. 用户钥生成

拥有身份 I_a 的发送者随机选取一个秘密值 $x_a \in \mathbb{Z}_q^*$，计算其公钥 $P_a = x_a P$。

同样地，拥有身份 I_b 的接收者随机选取一个秘密值 $x_b \in \mathbb{Z}_q^*$，计算其公钥 $P_b = x_b P$。

3. 部分钥提取

KGC 计算拥有身份 I_a 的发送者的部分私钥 $d_a = xF_a$（其中 $F_a = H_1(I_a)$），然后将该部分私钥 d_a 输出给发送者。

同样地，KGC 计算拥有身份 I_b 的接收者的部分私钥 $d_b = xF_b$（其中 $F_b = H_1(I_b)$），之后发送该部分私钥 d_b 给接收者。

4. 私钥提取

给定拥有身份 I_i（i 是 a 或 b）的用户的部分私钥 d_i 和秘密值 x_i，那么该用户的完整私钥是 $s_i = < x_i, d_i >$。

5. 签密

在签密阶段，拥有身份 I_a 的发送者计算出消息 m 的一个密文 C 并且输出该密文给拥有身份 I_b 的接收者。具体操作如下：

（1）选取一个随机数 $r \in \mathbb{Z}_q^*$，计算 $R = rP$。

（2）计算 $y = e(P_{pub}, F_b)^r$。

（3）计算 $z = e(P_b, F_b)^r$。

（4）计算 $\kappa = H_2(y, z, R)$。

（5）计算 $c = \text{DEM.Enc}(\kappa, m)$。

（6）计算 $f = H_3(I_a, I_b, m, R, P_a, P_b)$。

（7）计算 $S = rF_a + x_a f + d_a$。

（8）输出 $C = < c, R, S >$。

6. 解签密

在解签密阶段，拥有身份 I_b 的接收者收到密文 $C = < c, R, S >$ 之后进行如下操作：

（1）计算 $y = e(R, d_b)$。

（2）计算 $z = e(R, H_b)^{x_b}$。

（3）计算 $\kappa = H_2(y, z, R)$。

（4）计算 $m = \text{DEM.Dec}(\kappa, c)$。

（5）计算 $f = H_3(I_a, I_b, m, R, P_a, P_b)$。

（6）检查等式 $e(P,S) = e(R,F_a)e(P_a,f)e(P_{pub},F_a)$ 是否成立。如果成立，输出恢复出的明文 m；否则，输出符号 $\perp$。

5.4 安全性证明

5.4.1 保密性

定理 5.1 如果存在一个 IND-PS-CLHS-CCA2-I 敌手 $\mathcal{A}_{\mathrm{I}}$ 经过 q_i 次针对 H_i 预言机的询问（i=1,2,3）、q_p 次部分私钥询问、q_s 次私钥询问和 q_r 次公钥替换以后，能够以一个不可忽略的优势 ε 攻破本章的 PS-CLHS 方案在适应性选择密文攻击下的不可区分性，则一定存在一个挑战算法 Γ 能以优势

$$\varepsilon' = \frac{\varepsilon}{q_2}\left(1 - \frac{q_p}{q_1}\right)\left(1 - \frac{q_s}{q_1}\right)\left(1 - \frac{q_r}{q_1}\right)\left(\frac{1}{q_1 - q_p - q_s - q_r}\right)$$

解决 BDH 问题。

证明 采用归约的方法证明定理 5.1。设 Γ 收到一个 BDH 问题的随机实例 $<P, aP, bP, cP> \in \mathbb{G}_1$，目标是计算出 $e(P,P)^{abc} \in \mathbb{G}_2$。为了得到 BDH 问题实例的解答，$\Gamma$ 运行子程序 $\mathcal{A}_{\mathrm{I}}$ 并且扮演 $\mathcal{A}_{\mathrm{I}}$ 的挑战者在下面的游戏中进行交互。

初始化。Γ 运行系统初始化算法获得 $\rho = <\mathbb{G}_1, \mathbb{G}_2, e, P, P_{pub} = aP, n, H_1, H_2, H_3>$，之后输出 ρ 给敌手 $\mathcal{A}_{\mathrm{I}}$，在这里 a 对于 $\mathcal{A}_{\mathrm{I}}$ 而言是未知数。为了保证对各种预言机适应性询问的连续应答，Γ 维护起初为空的 4 张列表 $<L_1, L_2, L_3, L_k>$，其中前 3 张列表用于追踪 H_1~H_3 预言机询问，最后 1 张列表用于追踪公私钥预言机询问。

阶段 1。$\mathcal{A}_{\mathrm{I}}$ 执行如下多项式有界次适应性询问。

H_1 询问：$\mathcal{A}_{\mathrm{I}}$ 可以选择一系列身份并对这些身份进行 H_1 询问，Γ 选取任意一个整数 $j \in \{1, 2, \cdots, q_1\}$ 而且将 I_j 看作是挑战阶段的目标身份，Γ 不会泄露 $<j, I_j>$ 给 $\mathcal{A}_{\mathrm{I}}$。设在交互游戏的进行过程中，$\mathcal{A}_{\mathrm{I}}$ 使用身份 I_i 作为输入询问其他预言机之前都先用身份 I_i 询问 H_1 预言机。$\mathcal{A}_{\mathrm{I}}$ 在任何时候都可对 $<y, z, R>$ 进行 H_1 询问，Γ 检查列表 L_1 中是否已经记录有元组 $<I_i, F_i, l_i>$。如果 $<I_i, F_i, l_i>$ 已存在于列表 L_1

中，挑战者输出 F_i 给敌手；否则，挑战者分下面两种情况做出反应。

情况 1：如果这次询问是第 j 次询问，挑战者设置 $F_i = bP$，然后发送 F_i 给敌手并且将 $< I_i, F_i, - >$ 记录到列表 L_1 中。

情况 2：如果这次询问不是第 j 次询问，挑战者选取一个随机数 $l_i \in \mathbb{Z}_q^*$，计算 $F_i = l_i P$，然后输出 F_i 给敌手并且记录 $< I_i, F_i, l_i >$ 到列表 L_1 中。

H_2 询问：$\mathcal{A}_{\mathrm{I}}$ 在任何时候都可对 $< y, z, R >$ 进行 H_2 询问。Γ 检查列表 L_2 中是否已经存在元组 $< y, z, R, \kappa >$。如果 $< y, z, R, \kappa >$ 已经存在于列表 L_2 中，挑战者输出对称密钥 κ 给敌手；否则，挑战者发送任意选取的 $\kappa \in \{0,1\}^n$ 给敌手，之后将 $< y, z, R, \kappa >$ 记录到列表 L_2 中。

H_3 询问：$\mathcal{A}_{\mathrm{I}}$ 在任何时候都可对 $< I_a, I_b, m, R, P_a, P_b >$ 进行 H_3 询问。Γ 检查列表 L_3 中是否已经存在匹配的元组。如果列表 L_3 中有匹配的元组，挑战者输出 f 给敌手；否则，挑战者选取一个随机数 $\upsilon \in \mathbb{Z}_q^*$，计算 $f = \upsilon P$，记录 $< I_a, I_b, m, R, P_a, P_b, \upsilon, f >$ 到列表 L_3 中，之后返回 f 给敌手。

公钥询问：$\mathcal{A}_{\mathrm{I}}$ 在任何时候都可进行对身份 I_i 的公钥询问。Γ 检查列表 L_k 中是否已存在条目 $< I_i, d_i, x_i, P_i >$。如果 $< I_i, d_i, x_i, P_i >$ 已经存在于列表 L_k 中，挑战者输出公钥 P_i 给敌手；否则，挑战者选取一个随机数 $x_i \in \mathbb{Z}_q^*$，计算公钥 $P_i = x_i P$，返回 P_i 给敌手，之后将 $< I_i, -, x_i, P_i >$ 记录到列表 L_k 中。

部分私钥询问：$\mathcal{A}_{\mathrm{I}}$ 在任何时候都可进行身份 I_i 的部分私钥询问。设在部分私钥询问之前，敌手已经进行过 H_1 预言机询问。如果这次询问是第 j 次询问，挑战者放弃仿真；否则，挑战者设置部分私钥 $d_i = l_i aP$，输出该部分私钥给敌手，然后以 $< I_i, d_i, x_i, P_i >$ 更新列表 L_k。

私钥询问：$\mathcal{A}_{\mathrm{I}}$ 在任何时候都可发出对身份 I_i 的私钥询问。如果这次询问是第 j 次询问，挑战者放弃仿真；否则，挑战者从列表 L_k 中找到 $< I_i, d_i, x_i >$，然后输出完整私钥 $s_i =< d_i, x_i >$ 给敌手。

公钥替换：$\mathcal{A}_{\mathrm{I}}$ 在指定范围内选择随机数 P_i' 替换身份 I_i 的公钥 P_i。如果这次询问是第 j 次询问，挑战者放弃仿真；否则，挑战者使用 $< I_i, d_i, -, P_i' >$ 更新列表 L_k。

签密：$\mathcal{A}_{\mathrm{I}}$ 在任何时候都可对消息 m、发送者身份 I_a 及接收者身份 I_b 进行签密询问。设在签密询问之前，敌手已经进行过 H_1 预言机和公钥预言机询问。

挑战者检查发送者身份 I_a 是否是目标身份。如果不是，挑战者通过执行实际的签密算法计算得到一个密文 C，之后输出所得的密文 C；否则，挑战者采用如下方式计算出一个密文 C：

（1）选取随机数 $r, \upsilon \in \mathbb{Z}_q^*$。

（2）设置 $R = rP - aP$。

（3）计算 $y = e(R, d_b)$。

（4）计算 $z = e(R, l_b P)^{x_b}$。

（5）计算 $\kappa = H_2(y, z, R)$，将 $< y, z, R, \kappa >$ 记录到列表 L_2 中。

（6）计算 $c = \text{DEM.Enc}(\kappa, m)$。

（7）计算 $f = \upsilon P$，将 $< I_a, I_b, m, R, P_a, P_b, \upsilon, f >$ 记录到列表 L_3 中。

（8）计算 $S = rF_a + \upsilon P_a$。

（9）输出密文 $C =< c, R, S >$。

$\mathcal{A}_{\text{I}}$ 可以通过验证等式

$$\begin{aligned} & e(R, F_a)e(P_a, f)e(P_{pub}, F_a) \\ = & e(rP - aP, bP)e(x_a P_a, \upsilon P)e(aP, bP) \\ = & e(P, rbP\text{-}abP)e(P, \upsilon P_a)e(P, abP) \\ = & e(P, rF_a + \upsilon P_a) \\ = & e(P, S) \end{aligned}$$

检查挑战者所输出的密文 $C =< c, R, S >$ 的有效性。

解签密：$\mathcal{A}_{\text{I}}$ 在任何时候都可对密文 C、发送者身份 I_a 及接收者身份 I_b 进行解签密询问。设在解签密询问之前，敌手已经询问过 H_1 预言机和 H_3 预言机。

挑战者检查接收者的身份 I_b 是否是目标身份。如果不是，挑战者执行实际的解签密算法，之后将得到的结果输出给敌手；否则，挑战者首先计算 $z = e(R, F_b)^{x_b}$，其中 x_b 可从列表 L_k 或敌手 $\mathcal{A}_{\text{I}}$ 处得到。之后挑战者从列表 L_2 中仔细查找不同 y 值的元组 $< y, z, R, \kappa >$，使得敌手询问 $< P_{pub}, F_b, R, y >$ 时 DBDH 预言机返回的值为 1。如果这种情况发生，挑战者恢复出明文 $m = \text{DEM.Dec}(\kappa, c)$。如果验证等式

$$e(P, S) = e(R, F_a)e(P_a, f)e(P_{pub}, F_a)$$

成立，输出明文 m；否则，输出符号 $\perp$。

挑战。在阶段 1 结束的时候，$\mathcal{A}_{\text{I}}$ 生成长度相同的明文 $< m_0, m_1 >$ 和希望挑战的发送者身份 I_a^* 和接收者身份 I_b^*。在阶段 1，身份 I_b^* 不能是公钥已经被替换的那个身份而且身份 I_b^* 的秘密值和部分私钥不能被询问。

设在挑战阶段之前，敌手已经询问过 H_1 预言机和公钥预言机。如果 $I_b^* \neq I_j$，挑战者放弃仿真；否则，挑战者从 PS-CLHS 方案的密钥空间中选择 κ_0，然后以下列方式计算得到挑战密文 C^*：

（1）设置 $R^* = cP$ 。

（2）选择任意的 $\upsilon^* \in \mathbb{Z}_q^*$， $y^* \in \mathbb{G}_2$。

（3）计算 $z = e\left(R^*, bP\right)^{x_b^*}$ 。

（4）计算 $\kappa_1 = H_2\left(y^*, z^*, R^*\right)$，记录$< y^*, z^*, R^*, \kappa_1 >$到列表 L_2 中。

（5）选取任意的 $\gamma \in \{0,1\}$，计算 $c^* = \text{DEM.Dec}\left(\kappa_\gamma, m_\gamma\right)$。

（6）计算 $f^* = \upsilon^* P$，记录$< I_a^*, I_b^*, m_\gamma, R^*, P_a^*, P_b^*, \upsilon^*, f^* >$到列表 L_3 中。

（7）计算 $S^* = l_a^* cP + f^* x_a^* + d_a^*$。

（8）输出 $C^* =< c^*, R^*, S^* >$。

阶段 2。$\mathcal{A}_{\text{I}}$ 像阶段 1 那样继续对各种预言机进行多项式有界次询问。挑战者也像阶段 1 那样对适应性询问做出应答。记住，敌手在适应性询问各种预言机时必须遵循如下限制条件：第一，身份 I_b^*不能是公钥已被替换的那个身份；第二，身份 I_b^*的秘密值和部分私钥不能被询问；第三，敌手不能对挑战密文 C^*进行解签密询问。

在 $\mathcal{A}_{\text{I}}$ 决定结束交互游戏的时候，在列表 L_2 中应该存储了 q_2 个“询问与应答”元组，这意味着敌手对 H_2 预言机发出过 q_2 次询问。挑战者从列表 L_2 中已经存在的 q_2 个“询问与应答”元组中均匀随机地选取有关 y^* 的元组 $< y^*, z^*, R^*, \kappa >$，并且输出 y^*作为 BDH 问题实例的解答，即

$$
\begin{aligned}
y^* &= e\left(P_{pub}, F_b^*\right)^r \\
&= e\left(aP, bP\right)^c \\
&= e\left(P, P\right)^{abc}
\end{aligned}
$$

现在分析挑战者利用敌手的攻击能力计算出 BDH 问题实例解答的成功概率。

根据上述证明过程可知，挑战者只有在不终止交互游戏的情况下才可以利用敌手的能力计算出 BDH 问题实例的解答，挑战者终止交互游戏是由于发生了如下 4 个事件。

$\mathcal{E}_1$：敌手执行了对目标身份 I_j 的部分私钥询问，该事件发生的概率是 q_p/q_1。

$\mathcal{E}_2$：敌手执行了对目标身份 I_j 的秘密值询问，该事件发生的概率是 q_s/q_1。

$\mathcal{E}_3$：敌手替换了目标身份 I_j 的公钥，该事件发生的概率是 q_r/q_1。

$\mathcal{E}_4$：挑战阶段的接收者身份不是目标身份 I_j，该事件发生的概率是

$$1-\frac{1}{q_1-q_p-q_s-q_r}$$

由此可以推导出挑战者不终止交互游戏的概率是

$$\left(1-\frac{q_p}{q_1}\right)\left(1-\frac{q_s}{q_1}\right)\left(1-\frac{q_r}{q_1}\right)\left(\frac{1}{q_1-q_p-q_s-q_r}\right)$$

挑战者从列表 L_2 中随机选取 BDH 问题实例解答 y^* 的概率是 $1/q_2$。由此可得，挑战者解决 BDH 问题的成功概率 ε' 是

$$\frac{\varepsilon}{q_2}\left(1-\frac{q_p}{q_1}\right)\left(1-\frac{q_s}{q_1}\right)\left(1-\frac{q_r}{q_1}\right)\left(\frac{1}{q_1-q_p-q_s-q_r}\right)$$

定理 5.2　如果存在一个 IND-PS-CLHS-CCA2-II 敌手 $\mathcal{A}_{\text{II}}$ 经过 q_i 次针对 H_i 预言机询问（i=1,2,3）和 q_s 次私钥询问以后，能够以一个不可忽略的优势 ε 攻破本章的 PS-CLHS 方案在适应性选择密文攻击下的不可区分性，则一定存在一个挑战算法 Γ 能以优势

$$\varepsilon'=\frac{\varepsilon}{q_2}\left(1-\frac{q_s}{q_1}\right)\left(\frac{1}{q_1-q_s}\right)$$

解决 BDH 问题。

证明：采用归约的方法证明定理 5.2。设 Γ 收到一个 BDH 问题的随机实例 $<P,aP,bP,cP>\in\mathbb{G}_1$，其目标是计算出 BDH 问题实例的解答 $e(P,P)^{abc}\in\mathbb{G}_2$。为了得到 BDH 问题实例的解答，挑战者 Γ 将 $\mathcal{A}_{\text{II}}$ 看作是子程序在下面的游戏中进行交互。

初始化。Γ 运行初始化算法得到系统参数 $\rho=<\mathbb{G}_1,\mathbb{G}_2,e,P,P_{pub}=xP,n,H_1,H_2,H_3>$，然后输出 $<\rho,x>$ 给敌手 $\mathcal{A}_{\text{II}}$。为了保证对各种预言机适应性询问的连续应答，Γ 维护初始化为空的 4 张列表 $<L_1,L_2,L_3,L_k>$，其中前 3 张列表用于追踪 H_1~H_3 预言机询问，最后 1 张列表用于追踪公私钥预言机的询问。

阶段 1。$\mathcal{A}_{\text{II}}$ 执行下面多项式有界次适应性询问。

H_1 询问：$\mathcal{A}_{\text{II}}$ 可以选择一系列身份并询问这些身份的杂凑值。Γ 从 $\{1,2,\cdots,q_1\}$ 任意选取一个整数 j，挑战阶段的目标身份是 I_j，Γ 不会泄露 $<j,I_j>$ 给敌手。设在游戏进行交互的过程中，敌手以身份 I_i 作为输入询问其他预言机之前都先用身份 I_i 询问 H_1 预言机。$\mathcal{A}_{\text{II}}$ 在任何时候都可提交对身份 I_j 的 H_1 询问。如果列表 L_1 中已存在元组 $<I_i,F_i,l_i>$，挑战者输出 F_i 给敌手；否则，挑战者做出的回答如下所述。

情况 1：如果此次询问是第 j 次询问，挑战者设置 $F_i=bP$，发送 F_i 给敌手，

然后将 $< u_i, F_i, - >$ 记录到列表 L_1 中。

情况 2：如果此次询问不是第 j 次询问，挑战者选取一个随机数 $l_i \in \mathbb{Z}_q^*$，计算 $F_i = l_i P$，输出 F_i 给敌手，然后记录 $< I_i, F_i, l_i >$ 到列表 L_1 中。

H_2 询问：$\mathcal{A}_{\mathrm{II}}$ 在任何时候都可对 H_2 预言机进行询问。Γ 检查列表 L_2 中是否已有元组 $< y, z, R, \kappa >$。如果列表 L_2 中有 $< y, z, R, \kappa >$，挑战者输出对称密钥 κ 给敌手；否则，挑战者返回任意选取的 $\kappa \in \{0,1\}^n$，然后将 $< y, z, R, \kappa >$ 记录到列表 L_2 中。

H_3 询问：$\mathcal{A}_{\mathrm{II}}$ 在任何时候都可对 H_3 预言机进行询问。Γ 检查 L_3 中是否已经记录有匹配的元组。如果已有匹配元组，挑战者输出 f 给敌手；否则，挑战者选取一个随机数 $\upsilon \in \mathbb{Z}_q^*$，计算 $f = \upsilon P$，然后发送 f 给敌手并且记录 $< I_a, I_b, m, R, P_a, P_b, \upsilon, f >$ 到列表 L_3 中。

公钥询问：$\mathcal{A}_{\mathrm{II}}$ 在任何时候都可提交对身份 I_i 的公钥请求。如果此次询问是第 j 次询问，挑战者设置公钥 $P_i = aP$，然后输出该公钥给敌手并且记录 $< I_i, -, -, P_i >$ 到列表 L_k 中；否则，挑战者选取一个随机数 $x_i \in \mathbb{Z}_q^*$，计算公钥 $P_i = x_i P$，发送该公钥给敌手，然后记录 $< I_i, -, x_i, P_i >$ 到列表 L_k 中。

私钥询问：$\mathcal{A}_{\mathrm{II}}$ 在任何时候都可以提交对身份 I_i 的私钥询问。设在私钥询问之前 $\mathcal{A}_{\mathrm{II}}$ 已经询问过 H_1 预言机。如果这次询问是第 j 次询问，Γ 放弃仿真；否则，Γ 通过调用公钥预言机得到 $< I_i, x_i >$，然后输出秘密值 x_i 给敌手并且用 $< I_i, x l_i P, x_i, P_i >$ 替换列表 L_k 的 $< I_i, -, x_i, P_i >$。实际上，敌手拥有系统主控钥 x，可以自己计算出用户的部分私钥。

签密询问：$\mathcal{A}_{\mathrm{II}}$ 在任何时候都可以提交对消息 m、发送者身份 I_a 和接收者身份 I_b 的签密询问。设在签密询问之前，$\mathcal{A}_{\mathrm{II}}$ 已询问过 H_1 预言机及公私钥预言机。

如果 I_a 不是目标身份，Γ 通过调用实际的签密算法计算得到一个密文 C，之后输出该密文给敌手；否则，挑战者做出的回答如下：

（1）选取随机数 $r, \upsilon \in \mathbb{Z}_q^*$。

（2）计算 $R = rP$。

（3）计算 $y = e(R, d_b)$。

（4）计算 $z = e(R, l_b P)^{x_b}$。

（5）计算 $\kappa = h_2(y, z, R)$，记录 $< y, z, R, \kappa >$ 到列表 L_2 中。

（6）计算 $c = \mathrm{DEM.Enc}(\kappa, m)$。

（7）计算 $f = \upsilon P$，记录 $< I_a, I_b, m, R, P_a, P_b, \upsilon, f >$ 到列表 L_2 中。

（8）计算 $S = rF_a + \upsilon P_a + xF_a$。

（9）输出密文 $C=<c,R,S>$。

$\mathcal{A}_{\text{II}}$ 可以通过验证等式

$$
\begin{aligned}
& e(R,F_a)e(P_a,f)e\left(P_{pub},F_a\right) \\
&= e(rP,bP)e(P_a,\upsilon P)e(xP,bP) \\
&= e(P,rbP)e(P,\upsilon P_a)e(P,xbP) \\
&= e(P,rF_a+\upsilon P_a+xF_a) \\
&= e(P,S)
\end{aligned}
$$

检查挑战者返回的密文 $C=<c,R,S>$ 的有效性。

解签密询问：$\mathcal{A}_{\text{II}}$ 在任何时候都可以提交对密文 C、发送者身份 I_a 和接收者身份 I_b 的解签密询问。设在解签密询问之前，敌手已询问过 H_1/H_3 预言机和公私钥预言机。

如果 I_b 不是目标身份，挑战者调用实际的解签密算法得到一个结果，之后输出该结果给敌手；否则，挑战者计算 $y=e(R,bP)^x$。之后挑战者从列表 L_2 中仔细寻找不同 z 值的元组 $<y,z,R,\kappa>$，使得敌手在询问 $<P_b,H_b,R,z>$ 时 DBDH 预言机返回的值为 1。如果列表 L_2 中记录有这样的元组，挑战者恢复出明文 $m=\text{DEM.Dec}(\kappa,c)$。如果

$$
e(P,S)=e(R,F_a)e(P_a,f)e\left(P_{pub},F_a\right)
$$

成立，返回明文 m；否则，返回符号 $\perp$。

挑战。在阶段 1 结束的时候，$\mathcal{A}_{\text{II}}$ 选择长度相同的明文 $<m_0,m_1>$ 给挑战者，同时输出希望挑战的发送者身份 I_a^* 和接收者身份 I_b^* 给挑战者。在阶段 1，敌手不能提取身份 I_b^* 的秘密值。

设在挑战阶段之前，敌手已进行过 H_1 预言机和公私钥预言机询问。如果 I_b 不是目标身份，Γ 放弃仿真；Γ 选取任意的 $\gamma\in\{0,1\}$ 而且从 PS-CLHS 方案的对称密钥空间中选取 κ_0，然后继续做出如下回答：

（1）设置 $R^*=cP$。

（2）随机选取 $\upsilon^*\in\mathbb{Z}_q^*$，$z^*\in\mathbb{G}_2$。

（3）计算 $y^*=e\left(R^*,bP\right)^x$。

（4）计算 $\kappa_1=H_2\left(y^*,z^*,R^*\right)$，将 $<y^*,z^*,R^*,\kappa_1>$ 记录到列表 L_2 中。

（5）计算 $c^*=\text{DEM.Enc}\left(\kappa_\gamma,m_\gamma\right)$。

（6）计算 $f^*=\upsilon^*P$，将 $<I_a^*,I_b^*,m_\gamma,R^*,P_a^*,P_b^*,\upsilon^*,f^*>$ 记录到列表 L_3 中。

（7）计算 $S^* = l_a^* cP + f^* x_a^* + d_a^*$。

（8）返回 $C^* =< c^*, R^*, S^* >$。

阶段 2。$\mathcal{A}_{\mathrm{II}}$ 像阶段 1 那样继续对各种预言机请求多项式有界次适应性询问。Γ 也像阶段 1 那样响应这些适应性询问。受限条件是：第一，敌手不能对身份 I_b^* 的秘密值发出询问；第二，敌手不能针对挑战密文 C^* 询问解签密预言机。

在 $\mathcal{A}_{\mathrm{II}}$ 决定结束交互游戏过程的时候，敌手对 H_2 预言机进行了 q_2 次询问，则在列表 L_2 中应该存储 q_2 个相关的“询问与应答”元组。挑战者可以从列表 L_2 中记录的 q_2 个“询问与应答”元组中随机均匀地选取含有 z^* 的元组 $< y^*, z^*, R^*, \kappa >$，并且输出 z^* 作为 BDH 问题实例的解答，即

$$
\begin{aligned}
z^* &= e\left(P_b^*, F_b^*\right)^r \\
&= e(aP, bP)^c \\
&= e(P, P)^{abc}
\end{aligned}
$$

现在分析挑战者利用敌手的攻击能力计算出 BDH 问题实例解答的成功概率。

根据上述证明过程可知，挑战者只有在不中断交互游戏的情况下才可以利用敌手的能力计算出 BDH 问题实例的解答。如果挑战者终止了交互游戏，那是由于发生了下面的两个事件。

$\mathcal{E}_1$：敌手请求了目标身份 I_j 的秘密值，该事件发生的概率是 q_s/q_1。

$\mathcal{E}_2$：敌手在挑战阶段选择的接收者身份不是目标身份 I_j，此事件发生的概率是

$$
1-\left(\frac{1}{q_1-q_s}\right)
$$

由此可以推导出挑战者不中断对交互游戏的执行的概率是

$$
\left(1-\frac{q_s}{q_1}\right)\left(\frac{1}{q_1-q_s}\right)
$$

挑战者从列表 L_2 中随机选取 z^* 作为 BDH 问题实例解答的概率是 $1/q_2$。由此可得，挑战者解决 BDH 问题的成功概率 ε' 是

$$
\frac{\varepsilon}{q_2}\left(1-\frac{q_s}{q_1}\right)\left(\frac{1}{q_1-q_s}\right)
$$

5.4.2 不可伪造性

定理 5.3 如果存在一个 UF-PS-CLHS-CMA-I 伪造者 $\mathcal{F}_{\mathrm{I}}$ 经过 q_i 次针对 H_i 预言机的询问（i=1,2,3）、q_p 次部分私钥询问、q_s 次私钥询问和 q_r 次公钥替换后，能以不可忽略的优势 ε 伪造出本章方案的一个有效密文，则一定存在一个挑战算法 Γ 能以优势

$$\varepsilon' = \left(\varepsilon - \frac{1}{2^k}\right)\left(1 - \frac{q_p}{q_1}\right)\left(1 - \frac{q_s}{q_1}\right)\left(1 - \frac{q_r}{q_1}\right)\left(\frac{1}{q_1 - q_p - q_s - q_r}\right)$$

解决 CDH 问题。

证明 采用归约方法证明定理 5.3。设 Γ 收到一个 CDH 问题的随机实例 $< P, aP, bP > \in \mathbb{G}_1$，其目的是计算出 CDH 问题随机实例的解答 $abP \in \mathbb{G}_1$。为了达到此目的，Γ 扮演 $\mathcal{F}_{\mathrm{I}}$ 的挑战者并且将 $\mathcal{F}_{\mathrm{I}}$ 看作是自己的子程序在下面的游戏中进行交互。

初始化。Γ 调用系统初始化算法得到 $\rho =< \mathbb{G}_1, \mathbb{G}_2, e, P, P_{pub} = aP, n, H_1, H_2, H_3 >$，之后输出该系统参数给 $\mathcal{F}_{\mathrm{I}}$。为了保证对各种预言机适应性询问的连续应答，Γ 需要维护初始化为空的 4 张列表 $< L_1, L_2, L_3, L_k >$，其中前 3 张列表用于记录针对 H_1~H_3 预言机的询问与应答值，最后 1 张列表用于记录针对公私钥预言机的询问与应答值。

训练。在这个阶段，$\mathcal{F}_{\mathrm{I}}$ 针对所有预言机的多项式有界次的适应性询问和 Γ 针对这些询问做出的回答与定理 5.1 的阶段 1 完全相同。

伪造。在训练阶段结束之时，伪造者 $\mathcal{F}_{\mathrm{I}}$ 输出给挑战者一个伪造的三元组 $< C^*, I_a^*, I_b^* >$，在这里 $R^* = aP$。在训练阶段：第一，身份 I_a^* 不能是公钥已被替换的那个身份；第二，不能对身份 I_a^* 的秘密值和部分私钥发出询问；第三，伪造密文 C^* 不能是来自 $\mathcal{F}_{\mathrm{I}}$ 的签密询问的应答。

如果 I_a^* 不是目标身份，挑战者放弃仿真；否则，挑战者通过调用公钥预言机获得 P_a^*，通过询问 H_1 预言机得到 $F_a^* = bP$，通过询问 H_3 预言机得到 υ^*，之后输出 CDH 问题实例的解答

$$abP = \frac{S^* - \upsilon^* P_a^*}{2}$$

如果 $\mathcal{F}_{\mathrm{I}}$ 在交互游戏中伪造成功，那么上述的 CDH 问题实例的解答是正确的，因为验证等式

$$e\left(P,S^*\right)=e\left(R^*,F_a^{\ *}\right)e\left(P_a^{\ *},f^*\right)e\left(P_{pub},F_a^{\ *}\right)$$
$$=e\left(P_{pub},bP\right)e\left(P_a^{\ *},\upsilon^*P\right)e\left(aP,bP\right)$$
$$=e\left(P,abP\right)e\left(P,\upsilon^*P_a^{\ *}\right)e\left(P,abP\right)$$

是成立的。

现在评估挑战者利用伪造者的攻击能力计算出 CDH 问题实例解答的成功概率。

通过参考定理 5.1 的概率分析，可以看出挑战者只有在不终止交互游戏的情况下才能利用伪造者的能力计算出 CDH 问题实例的解答。如果挑战者终止了交互游戏，那是由于发生了下面的 4 个事件。

ε_1：伪造者请求了目标身份 I_j 的部分私钥，该事件发生的概率是 q_p/q_1。

ε_2：伪造者请求了目标身份 I_j 的秘密值，该事件发生的概率是 q_s/q_1。

ε_3：伪造者替换了目标身份 I_j 的公钥，该事件发生的概率是 q_r/q_1。

ε_4：伪造者在挑战阶段选择的接收者身份不是目标身份 I_j，该事件发生的概率是

$$1-\frac{1}{q_1-q_p-q_s-q_r}$$

由此可以推导出挑战者不终止交互游戏的概率是

$$\left(1-\frac{q_p}{q_1}\right)\left(1-\frac{q_s}{q_1}\right)\left(1-\frac{q_r}{q_1}\right)\left(\frac{1}{q_1-q_p-q_s-q_r}\right)$$

伪造者猜测相关的 H_3 预言机的相应哈希值的概率是 $1/2^k$。由此可得，挑战者解决 CDH 问题的成功概率 ε' 是

$$\left(\varepsilon-\frac{1}{2^k}\right)\left(1-\frac{q_p}{q_1}\right)\left(1-\frac{q_s}{q_1}\right)\left(1-\frac{q_r}{q_1}\right)\left(\frac{1}{q_1-q_p-q_s-q_r}\right)$$

定理 5.4　如果有一个 UF-PS-CLHS-CMA-II 伪造者 $\mathcal{F}_{\mathrm{II}}$ 经过 q_i 次对 H_i 预言机的询问（i=1，2，3）和 q_s 次私钥询问后，能够以不可忽略的优势 ε 伪造出本章方案的一个有效密文，则一定存在一个挑战算法 Γ 能以概率

$$\varepsilon'=\left(\varepsilon-\frac{1}{2^k}\right)\left(1-\frac{q_s}{q_1}\right)\left(\frac{1}{q_1-q_s}\right)$$

解决 CDH 问题。

证明　采用归约方法证明定理 5.4。设挑战者 Γ 收到一个 CDH 问题的随机实

例$< P, aP, bP > \in \mathbb{G}_1$，其目标是计算得到CDH问题实例的解答$abP \in \mathbb{G}_1$。为了得到CDH问题实例的解答，挑战者$\Gamma$将伪造者$\mathcal{F}_{\mathrm{II}}$作为子程序并且与之在下面的游戏中进行交互。

初始化。挑战者调用系统初始化算法获得$\rho =< \mathbb{G}_1, \mathbb{G}_2, e, P, P_{pub} = xP, n, H_1, H_2, H_3 >$，然后输出$< \rho, x >$给伪造者$\mathcal{F}_{\mathrm{II}}$。为了保证对伪造者$\mathcal{F}_{\mathrm{II}}$询问的连续应答，挑战者需要维护起初为空的4张列表$< L_1, L_2, L_3, L_k >$，其中前3张列表用于追踪针对$H_1$~$H_3$预言机询问，最后1张列表用于追踪针对公私钥预言机询问。

训练。在这个阶段，$\mathcal{F}_{\mathrm{II}}$像定理5.2中的阶段1那样对各种预言机进行多项式有界次适应性询问。除了H_1询问和H_3询问外，其余涉及的“询问与应答”情况完全相同于定理5.2的阶段1。

H_1询问：$\mathcal{F}_{\mathrm{II}}$在任何时候都能发出针对身份$I_i$的$H_1$询问。挑战者检查列表$L_1$中是否记录有$< I_i, F_i, l_i >$。如果有，挑战者输出$F_i$给伪造者；否则，挑战者选取一个随机数$l_i \in \mathbb{Z}_q^*$，计算$< I_i, F_i, l_i >$，输出$F_i$给伪造者，之后将$< I_i, F_i, l_i >$记录到列表$L_1$中。

H_3询问：$\mathcal{F}_{\mathrm{II}}$在任何时候都能发出针对$< I_a, I_b, m, R, P_a, P_b >$的$H_3$询问。$\upsilon \in \mathbb{Z}_q^*$检查列表$L_3$中是否存储有匹配的元组。如果有，挑战者将$f$发送给伪造者；否则，挑战者选取一个随机数$\upsilon \in \mathbb{Z}_q^*$，计算$f = \upsilon aP$，输出$f$给伪造者，之后将$< I_a, I_b, m, R, P_a, P_b, \upsilon, f >$记录到列表$L_3$中。

伪造。在训练阶段结束之时，伪造者$\mathcal{F}_{\mathrm{II}}$输出给挑战者一个伪造的三元组$< C^*, I_a^*, I_b^* >$。在训练阶段：第一，伪造者不能发出对身份$I_a^*$的秘密值询问；第二，伪造密文$C^*$不能是来自$\mathcal{F}_{\mathrm{II}}$的签密询问的应答。

如果I_a^*不是目标身份，挑战者放弃仿真；否则，挑战者通过调用H_1预言机获得l_a^*，通过调用H_3预言机获得υ^*，查询列表L_k得到部分私钥d_a^*，然后输出CDH问题实例的解答

$$abP = \frac{S^* - l_a^* R^* - d_a^*}{\upsilon^*}$$

如果$\mathcal{F}_{\mathrm{II}}$赢得上述交互游戏，则如上所述的CDH问题实例的解答是正确的，因为验证等式

$$\begin{aligned} e\left(P, S^*\right) &= e\left(R^*, F_a^*\right) e\left(P_a^*, f^*\right) e\left(P_{pub}, F_a^*\right) \\ &= e\left(R^*, l_a^* P\right) e\left(aP, \upsilon^* bP\right) e\left(P, d_a^*\right) \\ &= e\left(P, l_a^* R^*\right) e\left(P, \upsilon^* abP\right) e\left(P, d_a^*\right) \end{aligned}$$

是成立的。

现在评估挑战者利用伪造者的攻击能力计算出 CDH 问题实例解答的成功概率。

通过参考定理 5.2 的概率分析，可以知道挑战者只有在不放弃交互游戏的情况下可利用伪造者的能力计算出 CDH 问题实例的解答。如果挑战者放弃交互游戏，那是因为发生了下面的 2 个事件。

ε_1：伪造者请求了目标身份 I_j 的秘密值，该事件发生的概率是 q_s / q_1。

ε_2：伪造者在挑战阶段选择的接收者身份不是目标身份 I_j，该事件发生的概率是

$$1-\frac{1}{q_1-q_s}$$

由此可以推导出挑战者不放弃对交互游戏的执行的概率是

$$\left(1-\frac{q_s}{q_1}\right)\left(\frac{1}{q_1-q_s}\right)$$

伪造者询问相关 H_3 预言机的相应哈希值的概率是 $1/2^k$。由此可得，挑战者获得 CDH 问题实例解答的成功概率 ε' 是

$$\left(\varepsilon-\frac{1}{2^k}\right)\left(1-\frac{q_s}{q_1}\right)\left(\frac{1}{q_1-q_s}\right)$$

5.5 性能分析

本节依据计算和通信开销对本章设计的 PS-CLHS 方案和同类方案的性能进行比较。表 5.1 中，h_1 表示乘法循环群 $\mathbb{G}_2$ 上的双线性对运算，h_2 表示加法循环群 $\mathbb{G}_1$ 上的点乘运算，h_3 表示加法循环群 $\mathbb{G}_1$ 上的点指数运算。$|r|$ 表示有限域 $\mathbb{Z}_q^*$ 中一个元素的长度，$|\mathbb{G}_1|$ 表示 $\mathbb{G}_1$ 上一个元素的长度，密文长度表示通信开销。在表 5.1 中没有考虑双线性对的预运算。

表 5.1 PS-CLHS 方案和同类方案的性能比较

方案	签密			解签密			密文长度
	h_1	h_2	h_3	h_1	h_2	h_3	
文献[11]中的方案	1	1	0	1	1	0	$n+2\|\mathbb{G}_1\|$
文献[12]中的方案	0	4	0	1	1	0	$n+\|r\|+\|\mathbb{G}_1\|$
本章的 PS-CLHS 方案	0	3	0	1	0	0	$n+2\|\mathbb{G}_1\|$

相对于点乘运算来说，双线性对运算和指数运算比较耗时[24]。从表 5.1 中可以看出，本章的 PS-CLHS 方案的密文长度与同类方案大致相当。除此之外，本章的 PS-CLHS 方案在签密阶段执行了 3 次加法循环群 $\mathbb{G}_1$ 上的标量乘运算，在解签密阶段执行了 1 次乘法循环群 $\mathbb{G}_2$ 上的双线性对运算。由此可见，本章的 PS-CLHS 方案是一个计算效率较高的无证书混合签密方案。

5.6 本章小结

本章设计的可证明安全的无证书混合签密（PS-CLHS）方案在 BDH 和 CDH 假设下具有适应性选择密文攻击下的不可区分性和适应性选择明文攻击下的保密性。本章的 PS-CLHS 方案可以高效封装对称密钥和签密任意长度的消息，比同类方案计算复杂度和通信成本低，适合在电子支付、电子商务、电子数据交换、移动通信、密钥管理、防火墙等密码学领域中应用。

参考文献

[1] Barbosa M, Farshim P. Certifieateless signcryption// Proceedings of the ASIACCS. New York: ACM, 2008: 369-372

[2] Wu C H, Cheng Z X. A new efficient certificateless signcryption scheme// Proceedings of the ISISE, IEEE Computer Society, 2008: 661-664

[3] Xie W J, Zhang Z. Efficient and provably secure certificateless signcryption from bilinear maps// Proceedings of the WCNIS. Piscataway: IEEE Press, 2010: 558-562

[4] Selvi S S D, Vivek S S, Rangan C P. Security weaknesses in two certificateless signcryption schemes. Cryptology ePrint Archive, 2010. http://eprint.iacr.org/2010/092

[5] Liu Z H, Hu Y P, Zhang X S, et al. Certificateless signcryption scheme in the standard model. Information Sciences, 2010, 180（3）: 452-464

[6] Weng J, Yao G X, Deng R H, et al. Cryptanalysis of a certificateless signcryption scheme in the standard model. Information Sciences, 2011, 181（3）: 661-667

[7] Miao S, Zhang F T, Li S J, et al. Security of a certificateless signcryption scheme. Information Science, 2013, 232: 475-481

[8] Li P C, He M X, Li X. Efficient and provably secure certificateless signcryption from bilinear pairings. Journal of Computational Information Systems, 2010, 6（11）: 3643-3650

[9] 于刚，韩文报. 具有代理解签密功能的无证书签密方案. 计算机学报，2011，34（7）: 1291-1299

[10] 刘连东，冀会芳，韩文报，等. 一种无随机预言机的无证书广义签密方案. 软件学报，2012，23（2）: 394-410

[11] Li F G, Shirase M, Takagi T. Certificateless hybrid signcryption. Mathematical and Computer Modelling, 2013, 57（3-4）:324-343

[12] 孙银霞, 李晖. 高效无证书混合签密. 软件学报, 2011, 22（7）: 1690-1698
[13] 周才学. 改进的无证书混合签密方案. 计算机应用研究, 2013, 30（1）: 273- 281
[14] 金春花, 李学俊, 魏鹏娟, 等. 新的无证书混合签密. 计算机应用研究, 2011, 28（9）: 3527-3531
[15] Han Y L, Yue Z L, Fang D Y, et al. New multivariate-based certificateless hybrid signcryption scheme for multi-recipient. Wuhan University Journal of Natural Sciences, 2014, 19（5）: 433-440
[16] Cramer R, Shoup V. Design and analysis of practical public-key encryption schemes secure against adaptive chosen ciphertext attack. SIAM Journal on Computing, 2004, 33（1）: 167-226
[17] 赖欣. 混合密码体制的理论研究与方案设计. 成都: 西南交通大学, 2005
[18] Abe M, Gennaro R, Kurosawa K. Tag-KEM/DEM: a new framework for hybrid encryption. Journal of Cryptology, 2008, 21（1）: 97-130
[19] Bentahar K, Farshim P, Malone-Lee J, et al. Generic constructions of identity-based and certificateless KEMs. Journal of Cryptology, 2008, 21（2）: 178-199
[20] Huang Q, Wong D. Generic certificateless encryption secure against malicious-but-passive KGC attacks in the standard model. Journal of Computer Science and Technology, 2010, 25（4）: 807-826
[21] Long Y, Chen K F. Efficient chosen-ciphertext secure certificateless threshold key encapsulation mechanism. Information Sciences, 2010, 180（7）: 1167-1181
[22] 李继国, 杨海珊, 张亦辰. 标准模型下安全的基于证书密钥封装方案. 电子学报, 2012, 40（8）: 1577-1583
[23] 俞惠芳, 杨波. 可证安全的无证书混合签密. 计算机学报, 2015, 38（4）: 804-813
[24] Cao X, Kou W, Dang L, et al. IMBAS: identity-based multiuser broadcast authentication in wireless sensor network. Computer Communications, 2008, 31（4-5）: 659-671

第 6 章　CLHRS　方　案

6.1　引　　言

环签名允许一个成员代表一组人进行签名而不泄露签名者的信息。在环签名中，一个环成员可用自己的私钥和其他成员的公钥进行签名，但不需要征得其他成员的允许，验证者可以验证签名的有效性，但是不知道环中的哪个成员是真正的签名者。由同一个签名者所签的两个签名是不可链接的，验证者要确定哪些签名是由同一个签名者所签在计算上是不可行的。

集成不同公钥认证的环签名和签密可以设计环签密方案。相比较于群签密，环签密克服了群签密中群管理员权限过大的缺点，环中所有成员的地位相同而且签名者是无条件匿名的。2006 年黄欣沂等[1]设计了一个通信开销较低的身份环签密方案，使消息的发送者以一种完全匿名的方式发送消息，在低带宽的要求下很实用。2009 年 Zhu 等[2]提出了一个高效的环签密方案，通过分析发现该方案在适应性选择密文攻击下是不安全的。2010 年 Qi 等[3]提出了一个适用于无线传感器网络的身份环签密方案。2013 年 Guo 等[4]提出了一种属性环签密方案，属性环签密是属性密码学和环签密的一个扩展，适合在第三方数据存储、日志审计、分布式文件管理和付费电视系统等领域应用。2014 年李拴保等[5]设计了一个云环境下采用环签密的用户身份属性保护方案，简化了群签名的指数运算次数，消除了证书存储负载，降低了环签密算法和解签密算法的运算负载，只是增加了标量点乘运算次数和用户密钥本地存储开销。环签密[1-8]可应用在密钥分配、多方计算、电子选举、电子现金、匿名通信等领域。

将环签名技术和无证书签密技术结合在一起，利用 KEM-DEM 混合结构思想尝试构造无证书的混合环签密方案，以同时实现任意长度的消息的加密和环签名两项功能。本章重点研究如何采用 KEM-DEM 混合结构设计一个安全的无证书的混合环签密方案。

在 KEM-DEM 混合结构的理论基础上，本章集成环签名和无证书签密思想给出一个无证书的混合环签密（Certificateless Hybrid Ring Signcryption，CLHRS）方案的算法模型和形式化安全定义，进而设计一个 CLHRS 实例方案，然后证明本章的 CLHRS 方案在 BDH 问题和 CDH 问题的困难性假设下具有适应性选择密文攻击下的不可区分性和适应性选择明文攻击下的不可伪造性。本章的 CLHRS 实例方案能实现任意长度消息的保密通信，可以很好地满足电子选举、电子现金、密钥分配和多方安全计算等方面的应用需求。

6.2　形式化定义

6.2.1　算法定义

一个 CLHRS 方案的算法模型可以通过如下五个概率多项式时间算法来定义。

1. 系统初始化

密钥生成中心（KGC）运行该系统初始化算法。给定一个安全参数 k，该算法输出系统参数 η 及主密钥 w。

2. 公钥产生

拥有身份 I_i 的用户运行该公钥产生算法。给定用户身份 I_i，该算法输出拥有身份 I_i 的用户的公钥 P_i。

3. 私钥提取

拥有身份的用户运行该私钥提取产生算法。给定 l 个用户的身份集合 $I=\{I_1,I_2,\cdots,I_l\}$，该算法输出 l 个用户的私钥 $<S_1,S_2,\cdots,S_l>$。

4. 签密

拥有身份 I_s 的发送者运行该签密算法。给定 l 个用户的身份集合 $I=\{I_1,I_2,\cdots,I_l\}$，该算法输出消息 m 的一个密文 C 给拥有身份 I_r 的接收者。

5. 解签密

拥有身份 I_r 的接收者运行该解签密算法。该算法根据验证等式是否成立来决定输出明文 m 还是标志 $\mathcal{A}_\text{I}$。

6.2.2　安全模型

本节给出 CLHRS 方案的形式化安全定义。本节通过修改文献[9][10]的形式化安全定义得到一个 CLHRS 方案的保密性和不可伪造性的安全模型。6.4 节将采用下面的安全模型对 CLHRS 方案给出安全性证明。

为了形式化安全定义 CLHRS 方案的保密性和不可伪造性，模型中需要考虑与 5.2.2 节中相同的两种类型的攻击者，即类型 I 的攻击者 $\mathcal{A}_{\mathrm{I}}$ 或 $\mathcal{F}_{\mathrm{I}}$ 和类型 II 的攻击者 $\mathcal{A}_{\mathrm{II}}$ 或 $\mathcal{F}_{\mathrm{II}}$。模型中不允许进行发送者和接收者身份相同的询问。

1. 保密性

下面叙述挑战者 Γ 和外部敌手 $\mathcal{A}_{\mathrm{I}}$ 之间进行的交互游戏 IND-CLHRS-CCA2-I。

在交互游戏开始的时候，挑战者 Γ 调用系统初始化算法得到系统参数 η 和主密钥 w，然后挑战者发送 η 给 $\mathcal{A}_{\mathrm{I}}$，但是保留 w。

阶段 1。$\mathcal{A}_{\mathrm{I}}$ 在这个阶段发出如下多项式有界次适应性询问。

请求公钥：$\mathcal{A}_{\mathrm{I}}$ 在任何时候都可以发出对身份 I_i 的公钥请求。Γ 通过运行公钥生成算法得到公钥 P_i，之后发送 P_i 给敌手。

私钥询问：$\mathcal{A}_{\mathrm{I}}$ 在任何时候都可以发出对身份 I_i 的私钥询问。Γ 通过调用私钥提取算法计算出私钥 S_i，之后将 S_i 发送给敌手。如果身份 I_i 的公钥已被替换，不允许敌手询问其秘密值。

公钥替换：$\mathcal{A}_{\mathrm{I}}$ 可用指定范围内任意值替换任意身份的公钥。

签密询问：$\mathcal{A}_{\mathrm{I}}$ 在任何时候都可以提交对三元组 $< m, I_s, I_r >$ 的签密询问。Γ 通过调用签密算法计算得到消息 m 的一个密文 C，之后发送 C 给敌手。

解签密询问：$\mathcal{A}_{\mathrm{I}}$ 在任何时候都可以提交对三元组 $< C, I_s, I_r >$ 的解签密询问。Γ 通过运行解签密算法得到一个结果，之后将该结果发送给敌手。

挑战。在阶段 1 结束之后，$\mathcal{A}_{\mathrm{I}}$ 选取相同长度的明文 $< m_0, m_1 >$，同时输出希望挑战的发送者身份 I_s^* 和接收者身份 I_r^* 给挑战者。在阶段 1：第一，身份 I_r^* 不能是公钥已被替换的那个身份；第二，身份 I_r^* 的私钥也不能被提取。

Γ 查询相关列表找到 $< S_s^*, P_1^*, \cdots, P_l^* >$ 而且任意选取 $\delta \in \{0,1\}$，然后输出计算出的挑战密文

$$C^* = \text{Signcrypt}\left(\eta, m_\delta, I^*, S_s^*, P_1^*, \cdots, P_l^*\right)$$

阶段 2。$\mathcal{A}_{\mathrm{I}}$ 在这个阶段继续对各种预言机进行多项式有界次适应性询问。Γ 也像阶段 1 那样做出应答。受限条件是：第一，身份 I_r^* 不能是公钥已替换的那个身份；第二，身份 I_r^* 的私钥不能被提取；第三，敌手不能针对挑战密文 C^* 询问解签密预言机。

在交互游戏结束的时候，$\mathcal{A}_{\mathrm{I}}$ 输出一个猜测 $\delta^* \in \{0,1\}$。如果 $\delta^* = \delta$，就意味着 $\mathcal{A}_{\mathrm{I}}$ 在 IND-CLHRS-CCA2-I 中取得胜利。

敌手在 IND-CLHRS-CCA2-I 中获胜优势可以定义为

$$\mathrm{Adv}_{\mathcal{A}_{\mathrm{I}}}^{\text{IND-CLHRS-CCA2-I}}(k)=|\Pr[\delta^{*}=\delta]-1/2|$$

下面叙述挑战者 Γ 和内部敌手 $\mathcal{A}_{\mathrm{II}}$ 之间进行的交互游戏 IND-CLHRS-CCA2-I。

在交互游戏开始的时候，挑战者 Γ 通过调用系统初始化算法生成系统参数 η 和主密钥 w，然后发送 $<\eta,w>$ 给敌手 $\mathcal{A}_{\mathrm{II}}$。

阶段 1。$\mathcal{A}_{\mathrm{II}}$ 在这个阶段对各种预言机执行多项式有界次适应性询问。除了公钥替换询问外，其余情况与 IND-CLHRS-CCA2-I 的阶段 1 相同。

挑战。在阶段 1 结束之后，敌手输出长度相同的明文 $<m_0,m_1>$，同时输出希望挑战的发送者身份 $I_a{}^*$ 和接收者身份 $I_b{}^*$。在阶段 1，身份 $I_r{}^*$ 的私钥不能被询问。

Γ 任意选取 $\delta\in\{0,1\}$ 并且搜索相关列表获得 $<S_s{}^*,P_1^*,\cdots,P_l^*>$，然后输出计算得到的挑战密文

$$C^{*}=\mathrm{Signcrypt}\left(\eta,m_{\delta},I^{*},S_s{}^{*},P_1^{*},\cdots,P_l^{*}\right)$$

阶段 2。在这个阶段，$\mathcal{A}_{\mathrm{II}}$ 继续对各种预言机提交多项式有界次适应性询问，Γ 也像阶段 1 那样做出应答。受限条件是：第一，敌手不能针对挑战密文 C^* 询问解签密预言机；第二，敌手不能发出对身份 $I_r{}^*$ 的私钥询问。

在交互游戏结束的时候，敌手输出一个猜测 $\delta^*\in\{0,1\}$。如果 $\delta^*=\delta$，就意味着敌手在 IND-CLHRS-CCA2-II 中获得成功。

敌手在 IND-CLHRS-CCA2-II 中获胜优势可以定义为

$$\mathrm{Adv}_{\mathcal{A}_{\mathrm{II}}}^{\text{IND-CLHRS-CCA2-II}}(k)=|\Pr[\delta^{*}=\delta]-1/2|$$

定义 6.1　如果任何多项式有界的敌手 $\mathcal{A}_{\mathrm{I}}$（相应的 $\mathcal{A}_{\mathrm{II}}$）赢得上述交互游戏 IND-CLHRS-CCA2-I（相应的 IND-CLHRS-CCA2-II）的优势是可忽略的，则称一个 CLHRS 方案在自适应选择密文攻击下是不可区分的。

2. 不可伪造性

下面叙述挑战者 Γ 和外部伪造者 $\mathcal{F}_{\mathrm{I}}$ 之间进行的交互游戏 UF-CLHRS-CMA-I。

UF-CLHRS-CMA-I：在交互游戏开始的时候，挑战者 Γ 运行系统初始化算法生成系统参数 η 和主密钥 w，然后发送 η 给伪造者 $\mathcal{F}_{\mathrm{I}}$，但是保留 w。

训练。伪造者 $\mathcal{F}_{\mathrm{I}}$ 在这个阶段像 IND-CLHRS-CCA2-I 中的阶段 1 那样对各种预言机发出多项式有界次适应性询问，挑战者 Γ 也像 IND-CLHRS-CCA2-I 中的阶段 1 那样对适应性询问做出回答。

伪造。在决定训练阶段结束的时候，伪造者 $\mathcal{F}_{\mathrm{I}}$ 发送给挑战者 Γ 一个伪造的三元组 $<C^*, I_s^*, I_r^*>$。在训练阶段：第一，$\mathcal{F}_{\mathrm{I}}$ 既不能替换身份 I_s^* 的公钥也不能发出对身份 I_s^* 的私钥提取询问；第二，C^* 不能是来自 $\mathcal{F}_{\mathrm{I}}$ 的签密询问的应答。如果

$$\text{Unsigncrypt}\left(\eta, C^*, I^*, S_r^*, P_1^*, \cdots, P_l^*\right)$$

的结果不是符号 ⊥（$<S_r^*, P_1^*, \cdots, P_l^*>$ 可从有关列表查询到），则 $\mathcal{F}_{\mathrm{I}}$ 伪造成功。

如果 Win 表示伪造者 $\mathcal{F}_{\mathrm{I}}$ 在 UF-CLHRS-CMA-I 中获得成功的事件，则 $\mathcal{F}_{\mathrm{I}}$ 在 UF-CLHRS-CMA-I 中获胜优势可定义为

$$\text{Adv}_{\mathcal{F}_{\mathrm{I}}}^{\text{UF-CLHRS-CMA-I}}(k) = |\,\text{Win}\,|$$

下面叙述挑战者 Γ 和内部伪造者 $\mathcal{F}_{\mathrm{II}}$ 之间进行的交互游戏 UF-CLHRS-CMA-II。

UF-CLHRS-CMA-II：在交互游戏开始的时候，Γ 通过调用系统初始化算法得到系统参数 η 和主密钥 w，然后发送 $<\eta, w>$ 给伪造者 $\mathcal{F}_{\mathrm{II}}$。

训练。在这个阶段，$\mathcal{F}_{\mathrm{II}}$ 像 IND-CLHRS-CCA2-II 中的阶段 1 那样对各种预言机执行多项式有界次适应性询问，Γ 也像 IND-CLHRS-CCA2-II 中的阶段 1 那样对适应性询问做出回答。

伪造。在决定训练阶段结束的时候，伪造者 $\mathcal{F}_{\mathrm{II}}$ 发送给挑战者 Γ 一个伪造的三元组 $<C^*, I_s^*, I_r^*>$。在训练阶段：第一，伪造者不能提取身份 I_s^* 的私钥；第二，C^* 不能是来自 $\mathcal{F}_{\mathrm{II}}$ 的签密询问的应答。如果

$$\text{Unsigncrypt}\left(\eta, C^*, I^*, S_r^*, P_1^*, \cdots, P_l^*\right)$$

的结果不是符号 ⊥（$<S_r^*, P_1^*, \cdots, P_l^*>$ 可从有关列表查询到），则伪造者取得成功。

如果 Win 表示伪造者 $\mathcal{F}_{\mathrm{II}}$ 在 UF-CLHRS-CMA-II 中获得成功的事件，那么 $\mathcal{F}_{\mathrm{II}}$ 在 UF-CLHRS-CMA-II 中获胜优势可定义为

$$\text{Adv}_{\mathcal{F}_{\mathrm{II}}}^{\text{UF-CLHRS-CMA-II}}(k) = |\,\text{Win}\,|$$

定义 6.2　如果任何多项式有界的伪造者 $\mathcal{F}_{\mathrm{I}}$（相应的 $\mathcal{F}_{\mathrm{II}}$）赢得上述交互游戏 UF-CLHRS-CMA-I（相应的 UF-CLHRS-CMA-II）的优势是可忽略的，则称一个 CLHRS 方案在自适应选择明文攻击下是不可伪造的。

6.3 CLHRS 实例方案

本节设计了一个 CLHRS 实例方案[11]，具体的算法细节如下所述。

1. 系统初始化

KGC 选取一个 k 比特的大素数 q。设 $\mathbb{G}_1$ 是一个具有素数阶 q 的循环加法群，$\mathbb{G}_2$ 是一个具有相同阶的循环乘法群。P 是加法循环群 $\mathbb{G}_1$ 的一个生成元，$e:\mathbb{G}_1\times\mathbb{G}_1\to\mathbb{G}_2$ 是一个双线性映射。KGC 从 $\mathbb{Z}_q$ 中任意选取一个秘密值 w 作为系统主密钥，计算系统公钥 $P_{pub}=wP\in\mathbb{G}_1$。KGC 选取密码学安全的哈希函数：$H_1:\{0,1\}^*\times\mathbb{G}_1\to\mathbb{G}_1$，$H_2:\mathbb{G}_1\times\mathbb{G}_1\to\{0,1\}^n$，$H_3:\{0,1\}^*\to\mathbb{G}_1$，其中 n 是一个 DEM 的对称密钥长度。最后，KGC 保密系统主密钥 w 但公布系统参数

$$\eta=<\mathbb{G}_1,\mathbb{G}_2,e,P,P_{pub},n,H_1,H_2,H_3>$$

2. 公钥产生

已知 l 个用户的身份集合 $I=\{I_1,I_2,\cdots,I_l\}$，拥有身份 I_i 的某个用户任意选取 $x_i\in\mathbb{Z}_q$，计算其公钥 $P_i=x_iP\in\mathbb{G}_1$。

3. 私钥提取

已知 l 个用户的身份集合 $I=\{I_1,I_2,\cdots,I_l\}$，KGC 计算 $Q_i=H_1(I_i,P_i)\in\mathbb{G}_1$，$D_i=wQ_i\in\mathbb{G}_1$，之后发送 $<D_i,Q_i>$ 给相关用户。如果验证等式

$$e(D_i,P)=e\big(H_1(I_i,x_iP),P_{pub}\big)$$

成立，则该用户计算其私钥 $S_i=x_iQ_i+D_i\in\mathbb{G}_1$。

4. 签密

已知 $<\eta,m,I_1,\cdots,I_l,S_s,P_1,\cdots,P_l>$，拥有身份 I_s 的实际发送者代表 l 个用户生成消息 m 的一个密文 C，之后输出该密文给拥有身份 I_r 的接收者。具体操作如下：

（1）选取随机数 $r\in\mathbb{Z}_q$，计算 $R=rP\in\mathbb{G}_1$。

（2）计算 $y=e(P_{pub},Q_r)^r$。

（3）计算 $\kappa=H_2(y,rP_r)$。

（4）计算 $c=\mathrm{DEM.Enc}(\kappa,m)$。

（5）对于任意的 $i \neq s, i \in \{1,2,\cdots,l\}$，选取随机数 $u_i \in \mathbb{Z}_q$，计算

$$F_i = u_i P \in \mathbb{G}_1$$
$$h_i = H_3(m, F_i, I, R)$$
$$\mu = \sum_{i=1, i\neq s}^{l} \left(h_i \cdot \left(P_i + P_{pub}\right) + F_i\right)$$

（6）如果 $i=s$，选取任意的 $u_s \in \mathbb{Z}_q$，计算 $F_s = u_s P$，$\gamma = h_s S_s + u_s Q_s$。

（7）输出密文 $< c, R, I, \gamma, \mu, F_1, \cdots, F_l >$。

5. 解签密

在解签密阶段，拥有身份 I_r 的接收者进行如下操作：

（1）计算 $y = e(R, S_r)/e(R, Q_r)^{x_r}$。

（2）计算 $\kappa = H_2(y, x_r R)$。

（3）计算 $m = \text{DEM.Dec}(\kappa, c)$。

（4）对任意的 $i \in \{1,2,\cdots,l\}$，计算 $h_i = H_3(m, F_i, I, R)$。

（5）如果

$$e(P,\gamma)e(\mu,Q_i) = e\left(\sum_{i=1}^{l}\left(h_i \cdot \left(P_i + P_{pub}\right) + F_i\right), Q_i\right)$$

成立，输出恢复出的明文 m；否则，输出表示密文无效的符号 $\perp$。

6.4 安全性证明

6.4.1 保密性

定理 6.1 如果存在一个多项式时间的 IND-CLHRS-CCA2-I 敌手 $\mathcal{A}_1$ 经过最多 q_i 次对预言机 H_i 的询问（i=1,2,3）、q_e 次私钥提取询问、q_s 次签密询问和 q_u 次解签密询问之后，在时间 t 内攻破本章的 CLHRS 方案在适应性选择密文攻击下不可区分性，则一定存在一个挑战算法 Γ 至多以

$$t' \leqslant t + \left(2q_e + \left(l + 2q_s\right)\right)t_m + \left(2q_e + q_s + 4q_u\right)t_e$$

的时间解决 BDH 问题，其中 t_e 表示一次对操作所花费的时间，t_m 表示一次标量乘操作所花费的时间。

证明 通过归约的方法证明定理 6.1。设挑战者 Γ 收到一个 BDH 问题随机实例 $< P, aP, bP, cP > \in \mathbb{G}_1$，目标是计算出 $e(P,P)^{abc} \in \mathbb{G}_2$。为了得到 BDH 问题实例

的解答，在下面的交互游戏中敌手 $\mathcal{A}_{\mathrm{I}}$ 扮演挑战者 Γ 的子程序的角色。

在交互游戏开始的时候，挑战者 Γ 运行系统初始化算法并且输出得到的系统参数 $\eta=<\mathbb{G}_1,\mathbb{G}_2,e,P,P_{pub}=aP,n,H_1,H_2,H_3>$ 给敌手 $\mathcal{A}_{\mathrm{I}}$。Γ 任意选取整数 $j\in\{1,2,\cdots,q_1\}\cap\mathbb{Z}^+$ 而且将 I_j 看作是挑战阶段的目标身份。

阶段 1。$\mathcal{A}_{\mathrm{I}}$ 请求如下多项式有界次适应性询问。

H_1 询问：$\mathcal{A}_{\mathrm{I}}$ 在任何时候都可以请求对身份 I_i 的 H_1 询问。挑战者检查列表 L_1 中是否记录有 $<I_i,l_i,Q_i>$，该列表初始化为空。如果有，输出 Q_i 给敌手；否则，挑战者分两种情况回答 $\mathcal{A}_{\mathrm{I}}$ 的询问。

情况 1：如果身份 I_i 是目标身份 I_j，挑战者设置 $Q_i=bP$，发送 Q_i 给敌手，之后将 $<I_i,-,Q_i>$ 加入到列表 L_1 中。

情况 2：如果身份 I_i 不是目标身份 I_j，选取一个随机数 $l_i\in\mathbb{Z}_q$，计算 $Q_i=l_iP$，将 Q_i 发送给敌手，之后将 $<I_i,l_i,Q_i>$ 加入到列表 L_1 中。

公钥询问：$\mathcal{A}_{\mathrm{I}}$ 在任何时候都可以请求身份 I_i 的公钥询问。挑战者检查列表 L_k 中是否记录有 $<I_i,P_i,x_i>$，该列表初始化为空。如果有，挑战者输出公钥 $P_i\in\mathbb{G}_1$；否则，挑战者任意选取 $x_i\in\mathbb{Z}_q$，计算公钥 $P_i=x_iP\in\mathbb{G}_1$，输出 $P_i\in\mathbb{G}_1$ 给敌手，之后将 $<I_i,P_i,x_i>$ 加入到列表 L_k 中。

私钥提取询问：$\mathcal{A}_{\mathrm{I}}$ 在任何时候都可以请求对身份 I_i 的私钥提取询问。设在私钥提取询问之前，敌手已询问过 H_1 预言机和公钥预言机。如果身份 I_i 是目标身份 I_j，挑战者终止仿真；否则，挑战者计算 $D_i=l_iaP\in\mathbb{G}_1$，$S_i=D_i+x_il_iP\in\mathbb{G}_1$，然后输出私钥 S_i 给敌手。

公钥替换：$\mathcal{A}_{\mathrm{I}}$ 任意选取 $P_i'\in\mathbb{G}_1$ 替换身份 I_i 的公钥 $P_i\in\mathbb{G}_1$。如果身份 I_i 是目标身份，挑战者终止仿真；否则，挑战者使用 $<I_i,P_i',->$ 更新列表 L_k。

H_2 询问：$\mathcal{A}_{\mathrm{I}}$ 在任何时候都可以请求对 $<y,x_rP,\kappa>$ 的 H_2 询问。挑战者检查列表 L_2 中是否有匹配元组，该列表起初为空。如果有，输出对称密钥 κ 给敌手；否则，挑战者输出任意选取的 $\kappa\in\{0,1\}^n$，之后将 $<y,x_rP,\kappa>$ 加入到列表 L_2 中。

H_3 询问：$\mathcal{A}_{\mathrm{I}}$ 在任何时候都可以发出对 $<m,F_i,I,R>$ 的 H_3 询问。挑战者检查列表 L_3 中是否有匹配元组，该列表起初为空。如果有，挑战者返回 h_i 给敌手；否则，挑战者输出任意选取的 $h_i\in\mathbb{G}_1$，将 $<m,F_i,I,R,h_i>$ 加入到列表 L_3 中。

签密询问：$\mathcal{A}_{\mathrm{I}}$ 在任何时候都可以请求对 $<m,I_s,I_r>$ 的签密询问。设在签密询问之前，$\mathcal{A}_{\mathrm{I}}$ 已发出过对 H_1 预言机和公钥预言机的询问。

如果身份 I_s 不是目标身份 I_j，挑战者通过运行实际的签密算法得到一个密文 C，然后返回该密文给敌手；否则，挑战者做出如下方式回答 $\mathcal{A}_{\mathrm{I}}$ 的询问：

（1）选取一个随机数 $r\in\mathbb{Z}_q$，计算 $R=rP\in\mathbb{G}_1$。

（2）计算 $y=e(R,S_r)/e(R,Q_r)^{x_r}$ 。

（3）计算 $\kappa=H_2(y,x_rP)$ ，添加 $<y,x_rP,\kappa>$ 到列表 L_2 中。

（4）计算 $c=\mathrm{DEM.Enc}(\kappa,m)$ 。

（5）对于任意的 $i\neq s,i\in\{1,2,\cdots,l\}$ ，选择任意的 $u_i\in\mathbb{Z}_q$ ，计算

$$F_i=u_iP\in\mathbb{G}_1$$

$$h_i=H_3(m,F_i,I,R)$$

$$\mu=\sum_{i=1,i\neq s}^{l}\left(h_i\cdot(P_i+P_{pub})+F_i\right)$$

（6）添加 $<m,F_i,I,R,h_i>$ 到列表 L_3 中。如果 $i=s$ ，任意选取 $u_s\in\mathbb{Z}_q$ ，计算 $F_s=u_sP$ ， $\gamma=h_sS_s+u_sQ_s$ 。

（7）输出密文 $<c,R,I,\gamma,\mu,F_1,\cdots,F_l>$ 。

敌手 $\mathcal{A}_{\mathrm{I}}$ 可以通过等式

$$\begin{aligned}
&e(P,\gamma)e(\mu,Q_i)\\
&=e(P,h_sS_s+u_sQ_s)\left(\sum_{i=1,i\neq s}^{l}\left(h_i\cdot(P_i+P_{pub})+F_i\right),Q_i\right)\\
&=e\left(\left(h_s(x_s+w)+u_s\right)P,Q_s\right)\left(\sum_{i=1,i\neq s}^{l}\left(h_i\cdot(P_i+P_{pub})+F_i\right),Q_i\right)\\
&=e\left(h_s(P_s+P_{pub})+u_sP,Q_s\right)e\left(\sum_{i=1,i\neq s}^{l}\left(h_i\cdot(P_i+P_{pub})+F_i\right),Q_i\right)\\
&=e\left(\sum_{i=1}^{l}\left(h_i\cdot(P_i+P_{pub})+F_i\right),Q_i\right)
\end{aligned}$$

验证挑战者返回的密文 $<c,R,I,\gamma,\mu,F_1,\cdots,F_l>$ 的真实性。

解签密询问： $\mathcal{A}_{\mathrm{I}}$ 在任何时候都可以请求对 $<C,I_s,I_r>$ 的解签密询问。设在解签密询问之前， $\mathcal{A}_{\mathrm{I}}$ 已请求过 H_1/H_3 预言机及公钥预言机询问。

如果身份 I_r 不是目标身份 I_j，挑战者通过运行实际的解签密算法得到一个结果，然后返回该运行结果给敌手；否则，挑战者从列表 L_2 中寻找不同 y 值的元组 $<y,x_rR,\kappa>$ 使得 $\mathcal{A}_{\mathrm{I}}$ 在询问 $<P_{pub},Q_r,R,y>$ 时 DBDH 预言机返回值为 1，其中 x_r 可从列表 L_k 中找到或从敌手那里获得。如果这样的情况发生，挑战者恢复出明文 $m=\mathrm{DEM.Dec}(\kappa,c)$ 。对任意的 $i\in\{1,2,\cdots,l\}$ ，挑战者计算 $h_i=H_3(m,F_i,I,R)$ ，之后检查验证等式

$$e(P,\gamma)e(\mu,Q_i)=e\left(\sum_{i=1}^{l}\left(h_i\cdot\left(P_i+P_{pub}\right)+F_i\right),Q_i\right)$$

是否成立。如果成立，输出恢复出的明文 m；否则，输出表示密文无效的符号 $\perp$ 。

挑战。在阶段 1 结束之后，$\mathcal{A}_{\mathrm{I}}$ 选取长度相等的明文 $<m_0,m_1>$ 给 Γ ，同时选取希望挑战的发送者身份 I_s^* 和接收者身份 I_r^* 给 Γ 。在阶段 1，敌手不能请求身份 I_r^* 的公钥而且该身份不能是公钥已经被替换的那个身份。

设在挑战阶段之前，$\mathcal{A}_{\mathrm{I}}$ 已经询问过 H_1 预言机和公钥预言机。如果身份 I_r^* 不是目标身份 I_j，挑战者终止仿真；否则，挑战者任意选取 $\delta\in\{0,1\}$，之后继续响应如下：

（1）设置 $R^*=cP\in\mathbb{G}_1$ ，任意选取 $y^*\in\mathbb{G}_1$ 。

（2）计算 $\kappa_1=H_2\left(y^*,x_r{}^*P\right)$，记录 $<y^*,x_r{}^*P,\kappa_1>$ 到列表 L_2 中。

（3）从 CLHRS 方案的密钥空间中任意选取一个对称密钥 κ_0 。

（4）计算 $c^*=\mathrm{DEM.Enc}\left(\kappa_\delta,m_\delta\right)$ 。

（5）对于任意的 $i\neq s,i\in\{1,2,\cdots,l\}$ ，选择任意的 $u_i{}^*\in\mathbb{Z}_q$ ，计算

$$F_i^*=u_i{}^*P\in\mathbb{G}_1$$

$$h_i^*=H_3\left(m_\delta,F_i^*,I^*,R^*\right)$$

$$\mu^*=\sum_{i=1,i\neq s}^{l}\left(h_i^*\cdot\left(P_i^*+P_{pub}\right)+F_i^*\right)$$

（6）添加 $<m_\delta,F_i^*,I^*,R^*,h_i^*>$ 到列表 L_3 中。如果 $i=s$，选择任意的 $u_s{}^*\in\mathbb{Z}_q$ ，计算 $F_s{}^*=u_s{}^*P$ ， $\gamma^*=h_s{}^*S_s{}^*+u_s{}^*Q_s{}^*$ 。

（7）输出密文 $<c^*,R^*,I^*,\gamma^*,\mu^*,F_1^*,\cdots,F_l^*>$ 。

阶段 2。$\mathcal{A}_{\mathrm{I}}$ 继续像阶段 1 那样请求多项式有界次适应性询问。挑战者也像阶段 1 那样做出反应。记住，身份 I_r^* 不能是公钥已被替换的那个身份而且该身份的私钥不能被询问，此外敌手不能对挑战密文 C^* 进行解签密询问。

当 $\mathcal{A}_{\mathrm{I}}$ 决定结束交互游戏的时候，从证明过程知 $\mathcal{A}_{\mathrm{I}}$ 已经请求过 q_2 次 H_2 预言机询问，那么在列表 L_2 中一定记录有相关的 q_2 个“询问与应答”元组。挑战者可以从列表 L_2 中这些“询问与应答”元组中随机均匀地选取含有 y^* 的元组，然后输出 y^* 作为 BDH 问题实例的解答，即

$$y = \frac{e\left(R^*, S_r^*\right)}{e\left(R^*, Q_r^*\right)^{x_r^*}}$$
$$= \frac{e\left(R^*, x_r^* Q_r^* + aQ_r^*\right)}{e\left(R^*, Q_r^*\right)^{x_r^*}}$$
$$= \frac{e\left(R^*, x_r^* Q_r^*\right) e\left(R^*, aQ_r^*\right)}{e\left(R^*, x_r^* Q_r^*\right)}$$
$$= e\left(R^*, aQ_r^*\right)$$
$$= e\left(P, P\right)^{abc}$$

现在分析挑战者在上述游戏中取得成功所耗费的时间。

根据上述证明过程可知，挑战者执行标量乘运算最多 $2q_e + (l + 2q_s)$ 次，执行双线性对运算最多 $2q_e + q_s + 4q_u$ 次。由此可得，挑战者的运行时间 t' 至多是

$$t + \left(2q_e + (l + 2q_s)\right)t_m + \left(2q_e + q_s + 4q_u\right)t_e$$

定理 6.2　如果一个 IND-CLHRS-CCA2-II 敌手 $\mathcal{A}_{\text{II}}$ 经过最多 q_i 次 H_i 预言机询问（i=1,2,3）、q_e 次私钥提取询问、q_s 次签密询问和 q_u 次解签密询问之后，在时间 t 内攻破本章的 CLHRS 方案在适应性选择密文攻击下的不可区分性，则一定有一个挑战算法 Γ 至多以

$$t' \leqslant t + \left(q_e + q_s + q_u\right)t_1 + q_e t_2 + q_u t_3$$

的时间解决 CDH 问题，其中 t_1 表示一次标量乘操作所花费的时间，t_2 表示一次签密操作花费的时间，t_3 表示一次解签密操作所花费的时间。

证明　通过归约的方法证明定理 6.2。设挑战者 Γ 收到一个 CDH 问题的随机实例 $< P, aP, bP > \in \mathbb{G}_1$，目标是计算出 $abP \in \mathbb{G}_1$。为了达到这个目标，在游戏交互的过程中 Γ 将敌手 $\mathcal{A}_{\text{II}}$ 看作是子程序。

在交互游戏开始的时候，Γ 运行系统初始化算法并且将得到的系统参数 η=$<\mathbb{G}_1, \mathbb{G}_2, e, P, P_{pub} = wP, n, H_1, H_2, H_3>$ 发送给敌手 $\mathcal{A}_{\text{II}}$。挑战者 Γ 选取一个随机数 $j \in \{1, 2, \cdots, q_1\} \cap \mathbb{Z}^+$ 而且回答如下各种询问，在这里 I_j 视为挑战阶段的目标身份。

阶段 1。$\mathcal{A}_{\text{II}}$ 执行如下多项式有界次适应性询问。

公钥询问：$\mathcal{A}_{\text{II}}$ 在任何时候都可进行身份 I_i 的公钥请求。挑战者检查列表 L_k 中是否存有 $< I_i, P_i, x_i >$，该列表初始化为空。如果有，挑战者输出公钥 P_i 给敌手；否则，挑战者分下面两种情况做出回答。

情况 1：如果此次询问是第 j 次询问，挑战者设置公钥 $P_i = aP$，之后发送该公钥给敌手并且将 $< I_i, P_i, - >$ 加入到列表 L_k 中。

情况 2：如果此次询问不是第 j 次询问，挑战者选取一个随机数 $x_i \in \mathbb{Z}_q$，计算公钥 $P_i = x_i P \in \mathbb{G}_1$，之后输出该公钥给敌手并且将 $< I_i, P_i, x_i >$ 加入到列表 L_k 中。

H_1 询问：$\mathcal{A}_{\mathrm{II}}$ 在任何时候都可以进行身份 I_i 的 H_1 询问。挑战者检查列表 L_1 中是否记录有 $< I_i, l_i, Q_i >$，该列表初始化为空。如果有，挑战者输出 Q_i 给敌手；否则，挑战者选取一个随机数 $l_i \in \mathbb{Z}_q$，计算 $Q_i = l_i P \in \mathbb{G}_1$，之后发送 Q_i 给敌手并且将 $< I_i, l_i, Q_i >$ 加入到列表 L_1 中。

私钥提取询问：$\mathcal{A}_{\mathrm{II}}$ 在任何时候都可以发出对身份 I_i 的私钥提取询问。设在私钥提取询问之前，$\mathcal{A}_{\mathrm{II}}$ 已经询问过公钥预言机和 H_1 预言机。如果此次询问是第 j 次询问，挑战者终止仿真；否则，挑战者计算私钥 $S_i = x_i l_i P + l_i wP \in \mathbb{G}_1$，之后发送该私钥给敌手。

H_2 询问：$\mathcal{A}_{\mathrm{II}}$ 在任何时候都可以发出对 H_2 预言机的询问。挑战者检查列表 L_2 中是否记录有匹配的元组，该列表初始化为空。如果有，挑战者输出对称密钥 κ 给敌手；否则，挑战者发送任意选取的 $\kappa \in \{0,1\}^n$ 给敌手并且将相关的“询问与应答”值记录到列表 L_3 中。

H_3 询问：$\mathcal{A}_{\mathrm{II}}$ 在任何时候都可以发出对 H_2 预言机的询问。挑战者检查列表 L_3 中是否记录有匹配的元组，该列表起初为空。如果有，挑战者发送 h_i 给敌手；否则，挑战者返回选取指定范围内的一个随机数 h_i 给敌手并且将相关的“询问与应答”值记录到列表 L_3 中。

签密询问：$\mathcal{A}_{\mathrm{II}}$ 在任何时候都可以提交对 $< m, I_s, I_r >$ 的签密询问。设在签密询问之前，$\mathcal{A}_{\mathrm{II}}$ 已经询问过 H_1 预言机和公钥预言机。

如果身份 I_s 不是目标身份 I_j，挑战者通过调用签密算法生成一个密文 C，然后返回该密文给敌手；否则，挑战者用如下回答方式生成一个密文 C：

（1）选取随机数 $r \in \mathbb{Z}_q$，计算 $R = rP \in \mathbb{G}_1$。

（2）计算 $y = e(R, S_r)/e(R, Q_r)^{x_r}$。

（3）计算 $\kappa = H_2(y, x_r P)$，添加 $< y, x_r P, \kappa >$ 到列表 L_2 中。

（4）计算 $c = \mathrm{DEM.Enc}(\kappa, m)$。

（5）对于任意的 $i \neq s, i \in \{1, 2, \cdots, l\}$，选择任意的 $u_i \in \mathbb{Z}_q$，计算

$$F_i = u_i P \in \mathbb{G}_1$$
$$h_i = H_3(m, F_i, I, R)$$

$$\mu=\sum_{i=1,i\neq s}^{l}\left(h_i\cdot\left(P_i+P_{pub}\right)+F_i\right)$$

（6）添加$<m,F_i,I,R,h_i>$到列表 L_3 中。如果$i=s$，选择任意的$u_s\in\mathbb{Z}_q$，计算$F_s=u_sP$，$\gamma=h_sS_s+u_sQ_s$。

（7）输出密文$<c,R,I,\gamma,\mu,F_1,\cdots,F_l>$给敌手。

敌手$\mathcal{A}_{\mathrm{II}}$可以通过验证等式

$$\begin{aligned}
&e(P,\gamma)e(\mu,Q_i)\\
=&e(P,\gamma)e(\mu,Q_i)\\
=&e(P,h_sS_s+u_sQ_s)\left(\sum_{i=1,i\neq s}^{l}\left(h_i\cdot\left(P_i+P_{pub}\right)+F_i\right),Q_i\right)\\
=&e\left(\left(h_s\left(x_s+w\right)+u_s\right)P,Q_s\right)\left(\sum_{i=1,i\neq s}^{l}\left(h_i\cdot\left(P_i+P_{pub}\right)+F_i\right),Q_i\right)\\
=&e\left(h_s\left(P_s+P_{pub}\right)+u_sP,Q_s\right)e\left(\sum_{i=1,i\neq s}^{l}\left(h_i\cdot\left(P_i+P_{pub}\right)+F_i\right),Q_i\right)\\
=&e\left(\sum_{i=1}^{l}\left(h_i\cdot\left(P_i+P_{pub}\right)+F_i\right),Q_i\right)
\end{aligned}$$

检查挑战者返回的密文$<c,R,I,\gamma,\mu,F_1,\cdots,F_l>$的真实性。

解签密询问：$\mathcal{A}_{\mathrm{II}}$在任何时候都可以请求对$<C,I_s,I_r>$的解签密询问。设在解签密询问之前，$\mathcal{A}_{\mathrm{II}}$已经询问过公钥预言机和$H_1/H_3$预言机。

如果身份I_r不是目标身份I_j，挑战者运行解签密算法，然后发送运行结果给敌手；否则，挑战者计算$y=e(R,Q_r)^w$（敌手知道主密钥w）。之后挑战者从列表L_2中寻找不同y值的元组$<y,\beta,\kappa>$，使得询问$<P_r,R,\beta>$时 DDH 预言机返回的值为 1。如果这种情况发生，挑战者恢复出明文$m=\mathrm{DEM.Dec}(\kappa,c)$。对任意的$i\in\{1,2,\cdots,l\}$，挑战者计算$h_i=H_3(m,F_i,I,R)$，然后检查验证等式

$$e(P,\gamma)e(\mu,Q_i)=e\left(\sum_{i=1}^{l}\left(h_i\cdot\left(P_i+P_{pub}\right)+F_i\right),Q_i\right)$$

是否成立。如果成立，输出恢复出的明文 m；否则，输出表示密文无效的符号$\perp$。

挑战。在阶段 1 结束之后，$\mathcal{A}_{\mathrm{II}}$产生长度相等的明文$<m_0,m_1>$，同时将希望挑战的发送者身份$I_s^*$和接收者身份$I_r^*$给挑战者。在阶段 1，敌手不能请求身份$I_r^*$的私钥提取询问。

设在挑战阶段之前，$\mathcal{A}_{\mathrm{II}}$已询问过公钥预言机和$H_1$预言机。如果身份$I_r^*$不是

目标身份 I_j，挑战者终止仿真；否则，挑战者从 CLHRS 方案的密钥空间中选取一个对称密钥 κ_0，然后继续响应如下：

（1）设置 $R^* = cP \in \mathbb{G}_1$，任意选取 $\beta^* \in \mathbb{G}_1$。

（2）计算 $y^* = e\left(R^*, Q_r^*\right)^w$。

（3）计算 $\kappa_1 = H_2\left(y^*, \beta^*\right)$，记录 $< y^*, \beta^*, \kappa_1 >$ 到列表 L_2 中。

（4）任意选取 $\delta \in \{0,1\}$。

（5）计算 $c^* = \text{DEM.Enc}\left(\kappa_\delta, m_\delta\right)$。

（6）对于任意的 $i \neq s, i \in \{1,2,\cdots,l\}$，选取任意的 $u_i^* \in \mathbb{Z}_q$，计算

$$F_i^* = u_i^* P \in \mathbb{G}_1$$

$$h_i^* = H_3\left(m_\delta, F_i^*, I^*, R^*\right)$$

$$\mu^* = \sum_{i=1, i\neq s}^{l} \left(h_i^* \cdot \left(P_i^* + wP\right) + F_i^*\right)$$

（7）记录 $< m_\delta, F_i^*, I^*, R^*, h_i^* >$ 到列表 L_3 中。如果 $i=s$，选择任意的 $u_s^* \in \mathbb{Z}_q$，计算 $F_s^* = u_s^* P$，$\gamma^* = h_s^* S_s^* + u_s^* Q_s^*$。

（8）输出密文 $< c^*, R^*, I^*, \gamma^*, \mu^*, F_1^*, \cdots, F_l^* >$。

阶段 2。$\mathcal{A}_{\text{II}}$ 继续像阶段 1 那样对各种预言机请求多项式有界次适应性询问。挑战者也像阶段 1 那样回答各种适应性询问。记住，敌手既不能请求身份 I_r^* 的私钥提取询问也不能解签密询问挑战密文 C^*。

在敌手决定结束交互游戏的时候，从交互证明过程可知敌手询问 q_2 次 H_2 预言机，那么在列表 L_2 中一定记录有相关的 q_2 个“询问与应答”元组。挑战者可以从列表 L_2 中的这些“询问与应答”元组中随机均匀地选取含有 β^* 的元组，输出 β^* 作为 CDH 问题实例的解答，即

$$\beta^* = x_r^* R^* = abP$$

通过上述证明过程可知，挑战者执行最多 $q_e + q_s + q_u$ 次标量乘运算、q_s 次签密运算及 q_u 次解签密运算。由此可得，挑战者的运行时间 t' 至多是

$$t + \left(q_e + q_s + q_u\right)t_1 + q_e t_2 + q_u t_3$$

6.4.2　不可伪造性

定理 6.3　如果存在一个 UF-CLHRS-CMA-I 伪造者 $\mathcal{F}_{\text{I}}$ 能伪造本章的 CLHRS 方案的一个有效密文，则一定存在一个挑战算法 Γ 能够解决 CDH 问题。

证明　通过归约的方法证明定理 6.3。设Γ收到一个 CDH 问题的随机实例$<P,aP,bP>\in\mathbb{G}_1$，目标是计算出$abP\in\mathbb{G}_1$。在下面的交互游戏中，Γ扮演$\mathcal{F}_{\rm I}$的挑战者，$\mathcal{F}_{\rm I}$看作是Γ的子程序。

初始化阶段与定理 6.1 中的完全相同，这里不再重复叙述。

训练。在这个阶段，伪造者$\mathcal{F}_{\rm I}$像定理 6.1 中的阶段 1 那样对各种预言机发出多项式有界次适应性询问。挑战者Γ也像定理 6.1 中的阶段 1 那样回答对各种预言机的适应性询问。

伪造。在训练结束之后，$\mathcal{F}_{\rm I}$输出一个伪造的三元组$<I_s^*,I_r^*,C^*>$给挑战者，其中$<I_s^*,I_r^*>$分别是发送者和接收者的身份。在训练阶段，身份I_s^*不能是公钥已被替换的那个身份，而且伪造密文C^*不能是来自$\mathcal{F}_{\rm I}$的签密询问的应答，此外$\mathcal{F}_{\rm I}$不能发出对身份I_s^*的私钥提取询问。

设在伪造阶段开始之前，伪造者$\mathcal{F}_{\rm I}$已询问过H_1预言机、H_3预言机和公钥预言机。如果发送者的身份I_s^*不是目标身份，挑战者终止仿真；否则，挑战者输出 CDH 问题实例的解答

$$abP=\frac{\gamma^*}{h_s^*}-\left(x_s^*+\frac{u_s^*}{h_s^*}\right)Q_s^*$$

如果$\mathcal{F}_{\rm I}$在交互游戏中伪造成功，则说明上述 CDH 问题实例的解答是正确的，因为验证等式

$$\begin{aligned}e\left(P,\gamma^*\right)&=e\left(P,h_s^*S_s^*+u_s^*Q_s^*\right)\\&=e\left(P,h_s^*S_s^*\right)\left(P,u_s^*Q_s^*\right)\\&=e\left(P,h_s^*x_s^*Q_s^*\right)\left(P,h_s^*abP\right)\left(P,u_s^*Q_s^*\right)\end{aligned}$$

是成立的。

定理 6.4　如果存在一个 UF-CLHRS-CMA-II 伪造者$\mathcal{F}_{\rm II}$能伪造出本章的 CLHRS 方案的一个有效密文，则一定存在一个挑战算法Γ能够解决 CDH 问题。

证明　通过归约的方法证明定理 6.4。设Γ收到一个 CDH 问题的随机实例$<P,aP,bP>\in\mathbb{G}_1$，目标是计算出$abP\in\mathbb{G}_1$。在下面的交互游戏中，$\mathcal{F}_{\rm II}$看作是Γ的子程序，Γ扮演$\mathcal{F}_{\rm II}$的挑战者。

初始化阶段与定理 6.2 中的完全相同，这里不再重复叙述。

训练。在这个阶段，除了H_1预言机询问和公钥预言机询问，伪造者$\mathcal{F}_{\rm II}$像定理 6.1 中的阶段 1 那样对其余的预言机发出多项式有界次适应性询问。挑战者也像定理 6.1 中的阶段 1 那样做出回答。

H_1询问：$\mathcal{F}_{\rm II}$在任何时候都可以发出对身份I_i的H_1询问。挑战者检查初始化

为空的列表 L_1 中是否记录有 $<I_i,l_i,Q_i>$。如果有，挑战者发送 Q_i 给伪造者；否则，挑战者做出的回答分下面两种情况。

情况 1：如果此次询问是第 j 次询问，挑战者设置 $Q_i=bP\in\mathbb{G}_1$，之后发送 Q_i 给伪造者并且将 $<I_i,-,Q_i>$ 加入到列表 L_1 中。

情况 2：如果此次询问不是第 j 次询问，挑战者选取一个随机数 $l_i\in\mathbb{Z}_q$，计算 $Q_i=l_iP\in\mathbb{G}_1$，之后将 Q_i 发送给敌手并且将 $<I_i,l_i,Q_i>$ 加入到列表 L_1 中。

公钥询问：$\mathcal{F}_{\text{II}}$ 在任何时候都可以发出对身份 I_i 的公钥询问。挑战者检查起初为空的列表 L_k 中是否记录有 $<I_i,P_i,x_i>$。如果有，挑战者返回公钥 P_i 给敌手；否则，挑战者做出的回答分下面两种情况。

情况 1：如果此次询问是第 j 次询问，挑战者设置公钥 $P_i=aP$，之后返回该公钥给敌手并且将 $<I_i,P_i,->$ 加入到列表 L_k 中。

情况 2：如果此次询问不是第 j 次询问，挑战者任意选取 $x_i\in\mathbb{Z}_q$，计算公钥 $P_i=x_iP\in\mathbb{G}_1$，之后输出该公钥给敌手并且将 $<I_i,P_i,x_i>$ 加入到列表 L_k 中。

伪造。在训练结束之后，$\mathcal{F}_{\text{II}}$ 输出一个伪造的三元组 $<I_s^*,I_r^*,C^*>$ 给 Γ，其中 $<I_s^*,I_r^*>$ 分别是发送者和接收者的身份。在训练阶段，伪造者 $\mathcal{F}_{\text{II}}$ 不能提取身份 I_s^* 的私钥而且也不能对伪造密文 C^* 进行解签密询问。

设在伪造阶段开始之前，$\mathcal{F}_{\text{II}}$ 已经询问过公钥预言机、H_1 预言机和 H_3 预言机。如果发送者的身份 I_s^* 不是目标身份，挑战者终止仿真；否则，挑战者输出 CDH 问题实例的解答

$$abP=\frac{\gamma^*}{h_s^*}-\left(w+\frac{u_s^*}{h_s^*}\right)Q_s^*$$

如果 $\mathcal{F}_{\text{II}}$ 在交互游戏中取得胜利，则说明上述 CDH 问题实例的解答是正确的，因为验证等式

$$\begin{aligned}e\left(P,\gamma^*\right)&=e\left(P,h_s^*S_s^*+u_s^*Q_s^*\right)\\&=e\left(P,h_s^*S_s^*\right)\left(P,u_s^*Q_s^*\right)\\&=e\left(P,h_s^*abP\right)\left(P,h_s^*wP\right)\left(P,u_s^*Q_s^*\right)\end{aligned}$$

是成立的。

6.5　本 章 小 结

本章给出的 CLHRS 方案在 BDH 和 CDH 问题的困难假设下被证明具有保密

性和不可伪造性。此方案中，只有群体的用户而没有群管理员，没有撤销程序和没有组织过程，任何签名者可以选取任何身份集合，在没有其他人同意和赞成的情况下用自己的私钥和其他人的公钥签名任何消息。此方案在知识产权保护、匿名认证、电子选举、电子现金、密钥分配等信息安全领域具有很好的应用前景。

参考文献

[1] 黄欣沂, 张福泰, 伍玮. 一种基于身份的环签密方案. 电子学报, 2006, 34（2）: 263-266

[2] Zhu Z C, Zhang Y Q, Wang F J. An efficient and provable secure identity-based ring singcryption scheme. Computer Standards & Standard, 2009, 31（6）: 1092-1097

[3] Qi Z H, Yang G, Ren X Y, et al. An ID-based ring signcryption scheme for wireless sensor networks// Proceedings of the IET International Conference of WSN, China, 2010: 368-373.

[4] Guo Z Z, Li M C, Fan X X. Attribute-based ring signcryption scheme. Security and Communication Networks, 2013, 6（6）: 790-796

[5] 李拴保, 傅建明, 张焕国, 等. 云环境下基于环签密的用户身份属性保护方案. 通信学报, 2014, 35（9）: 99-111

[6] Sharmila D S S, Sree Vivek V S, Pandu R C. On the security of identity based ring signcryption schemes// Proceedings of the 12th International Conference on Information Security, Lecture Notes in Computer Science Volume 5735. Berlin: Springer, 2009: 310-325

[7] Qi Z H, Yang G, Ren X Y. Provably secure certificateless ring signcryption scheme. China Communications, 2011, 8（3）: 99-106

[8] Zhu L J, Zhang F T, Miao S Q. A provably secure parallel certificateless ring signcryption scheme// Proceedings of the International Conference on Multimedia Information Networking and Security. Piscataway: IEEE Press, 2010: 423-427

[9] Li F G, Shirase M, Takagi T. Certificateless hybrid signcryption. Mathematical and Computer Modelling, 2013, 57（3-4）: 324-343

[10] 俞惠芳, 杨波. 可证安全的无证书混合签密. 计算机学报, 2015, 38（4）: 804-813

[11] Yu H F, Yang B, Zhao Y, et al. Tag-KEM for self-certified ring signcryption. Journal of Computational Information Systems, 2013, 9（20）: 8061-8071

第 7 章　LC-CLHS 方案

7.1　引　言

现有的无证书混合签密方案大多使用双线性映射构造，相对于椭圆曲线上的标量乘运算来说，双线性对运算和指数运算比较耗时[1]。虽然密码学界一直在研究如何减少双线性对运算量的方法，但不可否认的是双线性对运算仍然比标量乘运算和指数运算耗时。一个双线性对操作比一个椭圆曲线密码系统（ECC）[2]标量乘计算代价要高。例如，NanoECC 计算一个双线性对大约花费 17.93 秒，而计算一个 ECC 标量乘大约花费 1.27 秒[3]。

一般而言，椭圆曲线离散对数问题要比大整数分解问题和有限域上的离散对数问题难解得多。目前还没有找到求解椭圆曲线离散对数问题的亚指数算法，任何使用 ECC 技术的密码体制可以使用更短的密钥得到相同的安全性。例如，定义在加法群上的 160 比特长的椭圆曲线密钥与 1024 比特长的 RSA/DSA 密钥是一样安全的。ECC 实用于存储量、带宽、能耗或处理能力有限的环境。

大多数无证书混合签密方案[4-8]不适用于资源有限的无限传感器网络、Ad Hoc 网络，设计适合用于资源有限环境的无证书混合签密方案是一个非常重要的研究问题。在一些实际场景中需要计算复杂度低的无证书混合签密方案来满足应用需求。本章从计算效率和安全性的角度出发，为了实现用较高的计算效率处理任意长度的消息，给出了一个低计算复杂度的无证书混合签密（Low-Computation Certificateless Hybrid Signcryption，LC-CLHS）方案[9]的算法定义和安全模型定义，进而在椭圆曲线离散对数（ECDL）和椭圆曲线计算 Diffie-Hellman（ECCDH）的困难性假设基础上设计了一个 LC-CLHS 实例方案，同时在随机预言模型下证明了此实例方案满足保密性和不可伪造性。本章的 LC-CLHS 方案具有无证书密码系统的优点，能够实现任意长度消息的安全可靠传输，尤其在无线传感器网络、Ad Hoc 网络等资源受限的环境中非常实用。

本章的 LC-CLHS 方案所用椭圆曲线定义为：设 F_p 是阶为素数 p 的有限域。有限域 F_p 上的非奇异椭圆曲线 E 定义为

$$y^2 = x^3 + ax + b \bmod p$$

其中，a,b 是小于 p 的两个整数，满足 $4a^3 + 27b^2 \bmod p \neq 0$。满足上述方程的点

$S(x,y)$ 称为椭圆曲线上的点，并且点 $Q(x,-y)$ 亦为椭圆曲线上的点。点 $Q(x,-y)$ 是点 S 的负数，也就是说 $S=-Q$。设 $S(x_1,y_1)$ 与 $Q(x_2,y_2)$ 表示上述方程的两个点，则椭圆曲线上的两个点的加法被定义为两点之间的连线与椭圆曲线的交集，这个交集点的负数被看作是加法的结果。可以用两种形式表示加法操作，即 $S+Q=R$ 或 $(x_1,y_1)+(x_2,y_2)=(x_3,y_3)$。具有素数阶 n 椭圆曲线 E 的基点 P 应该满足 $nP=O$，其中 O 是椭圆曲线 E 的一个无穷远点。椭圆曲线 E_p（a,b）及无穷远点形成一个 p 阶加法循环群，即

$$G_p=(x,y):x,y\in F_p，\ (x,y)\in E_p(a,b)\cup O$$

7.2 形式化定义

7.2.1 算法定义

一个 LC-CLHS 方案可定义为如下六个概率多项式时间算法。

1. 系统初始化

由密钥生成中心（KGC）执行该系统初始化算法。输入一个安全参数 k，该算法输出系统参数 ρ 及主密钥 x。

2. 用户钥生成

由拥有身份 id_i（id_a 表示发送者的身份，id_b 表示接收者的身份）的用户执行该用户钥生成算法。输入系统参数 ρ 和用户身份 id_i，该算法输出拥有身份 id_i 的用户的秘密值 x_i 和公钥 p_i。

3. 部分钥生成

由 KGC 执行该部分钥生成算法。输入系统参数 ρ 和拥有身份 id_i（i 是 a 或 b）的用户的公钥 p_i，该算法输出此用户的部分私钥 s_i 和部分公钥 u_i。

显而易见，拥有身份 id_i 的用户的完整私钥是 $e_i=<s_i,x_i>$ 并且其完整公钥是 $p_i=<u_i,y_i>$。

4. 签密

由拥有身份 id_a 的发送者执行该签密算法。输入 $<\rho,id_a,id_b,m,p_a,e_a,p_b>$，该算法输出消息 m 的一个密文 C 给拥有身份 id_b 的接收者。

5. 解签密

由拥有身份 id_b 的接收者执行该解签密算法。输入 $< \rho, id_a, id_b, C, p_a, e_b, p_b >$，该算法根据验证等式是否成立决定输出明文 m 或符号 $\perp$。

7.2.2　安全模型

本节给出了 LC-CLHS 方案的形式化安全定义。一个 LC-CLHS 方案必须满足保密性（适应性选择密文攻击下的不可区分性）和不可伪造性（适应性选择明文攻击下的存在性不可伪造）。

形式化安全定义中需要考虑两种类型的攻击者，类型 I 敌手 $\mathcal{A}_{\mathrm{I}}$ 或 $\mathcal{F}_{\mathrm{I}}$ 不知密钥生成中心的主控钥，然而能替换任意用户公钥；类型 II 敌手 $\mathcal{A}_{\mathrm{II}}$ 或 $\mathcal{F}_{\mathrm{II}}$ 知道密钥生成中心的主密钥，然而不具备替换任意用户公钥的能力。安全模型中不允许发送者和接收者身份相同的询问。

1. 保密性

为了能在 7.4 节证明 LC-CLHS 方案的保密性，需要在这里建立适应性选择密文攻击下的不可区分性模型。具体描述中考虑挑战者 Γ 和敌手 $\mathcal{A}_{\mathrm{I}}$（相应的敌手 $\mathcal{A}_{\mathrm{II}}$）之间博弈的交互游戏 IND-LC-CLHS-CCA2-I（相应的 IND-LC-CLHS-CCA2-II）。

下面叙述挑战者 Γ 和外部敌手 $\mathcal{A}_{\mathrm{I}}$ 之间进行的交互游戏 IND-LC-CLHS-CCA2-I。

在交互游戏开始之时，Γ 运行系统初始化算法得到系统参数 ρ 及主密钥 x。Γ 保密 x 但发送 ρ 给敌手 $\mathcal{A}_{\mathrm{I}}$。

阶段 1。$\mathcal{A}_{\mathrm{I}}$ 发出如下多项式有界次适应性询问。

公钥询问：$\mathcal{A}_{\mathrm{I}}$ 在任何时候都可询问身份 id_i 的公钥。Γ 通过调用用户钥生成算法得到公钥 p_i，之后输出该公钥给敌手。

秘密值询问：$\mathcal{A}_{\mathrm{I}}$ 在任何时候都可询问身份 id_i 的秘密值。如果该身份的公钥没有被替换，则 Γ 输出秘密值 x_i 给敌手

部分私钥询问：$\mathcal{A}_{\mathrm{I}}$ 在任何时候都可询问身份 id_i 的部分私钥。Γ 通过调用部分钥生成算法得到部分私钥 s_i，然后输出该部分私钥给敌手。

公钥替换：$\mathcal{A}_{\mathrm{I}}$ 在任何时候都可替换任意身份 id_i 的公钥。

签密询问：$\mathcal{A}_{\mathrm{I}}$ 在任何时候都可以提交对消息 m、发送者身份 id_a 和接收者身份 id_b 的签密询问。Γ 通过调用签密算法计算得到消息 m 的一个密文 C，然后将该密文发送给敌手。

解签密询问：$\mathcal{A}_{\mathrm{I}}$在任何时候都可以提交对密文 C、发送者身份 id_a 和接收者身份 id_b 的解签密询问。Γ运行解签密算法得到一个结果，然后输出该结果给敌手。

挑战。在阶段 1 结束之时，$\mathcal{A}_{\mathrm{I}}$产生长度都是 l 的消息$<m_0,m_1>$，同时产生希望挑战的发送者身份 id_a^*和接收者身份 id_b^*。在阶段 1：第一，身份 id_b^*不能是公钥已经被替换的那个公钥；第二，$\mathcal{A}_{\mathrm{I}}$不能询问身份 id_b^*的秘密值和部分私钥。

Γ从$\{0,1\}$选取任意的β而且搜索相关列表找到$<e_a^*, p_a^*, p_b^*>$，然后输出计算得到的挑战密文

$$C^* = \mathrm{Signcrypt}\left(\rho, m_\beta, id_a^*, id_b^*, e_a^*, p_a^*, p_b^*\right)$$

阶段 2。$\mathcal{A}_{\mathrm{I}}$像阶段 1 那样对各种预言机发出多项式有界次适应性询问。Γ也像阶段 1 那样对回答发出适应性询问。受限条件是：第一，$\mathcal{A}_{\mathrm{I}}$不能针对挑战密文 C^*请求询问解签密预言机；第二，$\mathcal{A}_{\mathrm{I}}$不能请求身份 id_b^*的秘密值和部分私钥；第三，身份 id_b^*不能是公钥已被替换的那个身份。

在 IND-LC-CLHS-CCA2-I 结束的时候，$\mathcal{A}_{\mathrm{I}}$输出一个猜测β^*。如果$\beta^* = \beta$，则说明$\mathcal{A}_{\mathrm{I}}$赢得 IND-LC-CLHS-CCA2-I。

$\mathcal{A}_{\mathrm{I}}$在交互游戏中获胜优势可以定义为

$$\mathrm{Adv}_{\mathcal{A}_{\mathrm{I}}}^{\text{IND-LC-CLHS-CCA2-I}} = |\Pr[\beta' = \beta] - 1/2|$$

下面叙述挑战者Γ和内部敌手$\mathcal{A}_{\mathrm{II}}$之间进行的交互游戏 IND-LC-CLHS-CCA2-II。

在交互游戏开始的时候，Γ将运行系统初始化算法所得的系统参数ρ与主密钥 x 发送给敌手$\mathcal{A}_{\mathrm{II}}$。

阶段 1。$\mathcal{A}_{\mathrm{II}}$发出如下多项式有界次适应性询问。

公钥询问：$\mathcal{A}_{\mathrm{II}}$在任何时候都可以请求身份 id_i 的公钥。挑战者将运行用户钥生成算法得到的公钥 p_i 发送给敌手$\mathcal{A}_{\mathrm{II}}$。

部分私钥询问：$\mathcal{A}_{\mathrm{II}}$在任何时候都可以请求身份 id_i 的部分私钥。挑战者将运行部分私钥生成算法得到的部分私钥 s_i 发送给敌手$\mathcal{A}_{\mathrm{II}}$。

秘密值询问：$\mathcal{A}_{\mathrm{II}}$在任何时候都可以请求身份 id_i 的秘密值。挑战者搜索相关列表找到秘密值 x_i，之后发送该秘密值给敌手$\mathcal{A}_{\mathrm{II}}$。

签密询问：$\mathcal{A}_{\mathrm{II}}$在任何时候都可以发出对消息 m、发送者身份 id_a 及接收者身份 id_b 的签密询问。挑战者运行签密算法计算得到消息 m 的一个密文 C，之后将该密文发送给敌手$\mathcal{A}_{\mathrm{II}}$。

解签密询问：$\mathcal{A}_{\mathrm{II}}$在任何时候都可以提交密文 C、发送者身份 id_a 和接收者身

份 id_b 的解签密询问。挑战者将运行解签密算法获得的结果发送给敌手 $\mathcal{A}_{\mathrm{II}}$。

挑战。在阶段 1 结束的时候，$\mathcal{A}_{\mathrm{II}}$ 选取长度都是 l 的消息 $<m_0,m_1>$，同时选取希望挑战的发送者身份 id_a^* 和接收者身份 id_b^*。在阶段 1，$\mathcal{A}_{\mathrm{II}}$ 不能询问身份 id_b^* 的部分私钥和秘密值。

挑战者从 $\{0,1\}$ 任意选取 β 而且查询相关列表找到 $<e_a^*,p_a^*,p_b^*>$，然后输出计算所得的挑战密文

$$C^*=\mathrm{Signcrypt}\left(\rho,m_\beta,id_a^*,id_b^*,e_a^*,p_a^*,p_b^*\right)$$

阶段 2。$\mathcal{A}_{\mathrm{II}}$ 像阶段 1 那样对各种预言机发出多项式有界次适应性询问。挑战者也像阶段 1 那样响应适应性询问。受限条件是：第一，$\mathcal{A}_{\mathrm{II}}$ 不能询问身份 id_b^* 的秘密值和部分私钥；第二，$\mathcal{A}_{\mathrm{II}}$ 不能对挑战密文 C^* 进行解签密询问。

在 IND-LC-CLHS-CCA2-II 结束的时候，$\mathcal{A}_{\mathrm{II}}$ 输出一个猜测 β^*。如果 $\beta^*=\beta$，则意味着 $\mathcal{A}_{\mathrm{II}}$ 赢得 IND-LC-CLHS-CCA2-II。

$\mathcal{A}_{\mathrm{II}}$ 在交互游戏中获胜优势可以定义为

$$\mathrm{Adv}_{\mathcal{A}_{\mathrm{II}}}^{\text{IND-LC-CLHS-CCA2-II}}=|\Pr[\beta'=\beta]-1/2|$$

定义 7.1　如果任何多项式有界的外部敌手 $\mathcal{A}_{\mathrm{I}}$（相应的内部 $\mathcal{A}_{\mathrm{II}}$）赢得 IND-LC-CLHS-CCA2-I（相应的 IND-LC-CLHS-CCA2-II）的优势是可忽略的，则称一个 LC-CLHS 方案在适应性选择密文攻击下是不可区分的。

1. 不可伪造性

为了能在 7.4 节证明 LC-CLHS 方案的不可伪造性，需要在这里建立适应性选择明文攻击下的存在性不可伪造性模型。具体描述中考虑挑战者 Γ 和敌手 $\mathcal{A}_{\mathrm{I}}$（相应的敌手 $\mathcal{A}_{\mathrm{II}}$）之间博弈的交互游戏 UF-LC-CLHS-CMA-I（相应的 UF-LC-CLHS-CMA-II）。

现在叙述挑战者 Γ 和外部伪造者 $\mathcal{F}_{\mathrm{I}}$ 之间博弈的交互游戏 UF-LC-CLHS-CMA-I。

在交互游戏开始的时候，Γ 运行系统初始化算法得到系统参数 ρ 和主密钥 x，然后将 ρ 发送给 $\mathcal{F}_{\mathrm{I}}$ 但保密主控钥 x。

训练。伪造者 $\mathcal{F}_{\mathrm{I}}$ 在这个阶段像 IND-LC-CLHS-CCA2-I 中的阶段 1 那样对各种预言机进行多项式有界次适应性询问。Γ 对伪造者的各种适应性询问的应答也和 IND-LC-CLHS-CCA2-I 中的阶段 1 完全相同。

伪造。在训练阶段结束的时候，$\mathcal{F}_{\mathrm{I}}$ 输出一个伪造的三元组 $<C^*,id_a^*,id_b>$ 给挑战者 Γ。在训练阶段：第一，身份 id_a^* 不能是公钥已被替换的那个身份；第

二，$\mathcal{F}_{\text{I}}$不能针对挑战密文 C^*询问解签密预言机；第三，$\mathcal{F}_{\text{I}}$不能询问身份 id_a^*的部分私钥和秘密值。

挑战者通过调用公私钥预言机得到$<e_b^*, p_a^*, p_b^*>$，如果

$$\text{Unsigncrypt}\left(\rho, C^*, id_a^*, id_b^*, e_b^*, p_a^*, p_b^*\right)$$

的结果不是符号⊥，则$\mathcal{F}_{\text{I}}$伪造成功。

如果 Win 表示$\mathcal{F}_{\text{I}}$在 UF-LC-CLHS-CMA-I 中伪造成功的事件，则伪造者在 UF-LC-CLHS-CMA-I 中获胜优势可定义为

$$\text{Adv}_{\mathcal{F}_{\text{I}}}^{\text{UF-LC-CLHS-CMA-I}}(k) = |\text{Win}|$$

现在叙述挑战者Γ和内部伪造者$\mathcal{F}_{\text{II}}$之间进行的交互游戏 UF-LC-CLHS-CMA-II。

UF-LC-CLHS-CMA-II：在交互游戏开始的时候，Γ运行系统初始化算法，之后将计算所得的系统参数ρ和主密钥x发送给$\mathcal{F}_{\text{II}}$。

训练。伪造者$\mathcal{F}_{\text{II}}$在这个阶段像 IND-LC-CLHS-CCA2-II 中的阶段 1 那样对各种预言机进行多项式有界次适应性询问。Γ对$\mathcal{F}_{\text{II}}$的各种适应性询问的响应完全相同于 IND-LC-CLHS-CCA2-II 中的阶段 1。

伪造。在训练阶段结束之时，伪造者$\mathcal{F}_{\text{II}}$输出一个伪造的三元组$<C^*, id_a^*, id_b>$给挑战者。在训练阶段：第一，伪造者不能询问身份 id_a^*的部分私钥和秘密值；第二，伪造者也不能针对挑战密文 C^*询问解签密预言机。

挑战者通过调用公私钥预言机获得$<e_b^*, p_a^*, p_b^*>$，如果

$$\text{Unsigncrypt}\left(\rho, C^*, id_a^*, id_b^*, e_b^*, p_a^*, p_b^*\right)$$

的结果不是符号⊥，则伪造者取得胜利。

如果 Win 表示$\mathcal{F}_{\text{II}}$在 UF-LC-CLHS-CMA-II 中取得胜利的事件，则伪造者在 UF-LC-CLHS-CMA-II 中获胜优势可定义为

$$\text{Adv}_{\mathcal{F}_{\text{II}}}^{\text{UF-LC-CLHS-CMA-II}}(k) = |\text{Win}|$$

定义 7.2 如果任何多项式有界的伪造者$\mathcal{F}_{\text{I}}$（相应的$\mathcal{F}_{\text{II}}$）赢得 UF-LC-CLHS-CMA-I（相应的 UF-LC-CLHS-CMA-II）的优势是可忽略的，则称一个 LC-CLHS 方案在适应性选择明文攻击下是不可伪造的。

7.3 LC-CLHS 实例方案

本节给出一个 LC-CLHS 实例方案[9]，现在描述其算法模块细节。

1. 系统初始化

给定一个安全参数 k，KGC 运行该系统初始化算法如下：

（1）选择一个大素数 p，定义有限域 F_p 上的椭圆曲线 E。

（2）选择具有素数阶 n 的椭圆曲线 E 的一个基点 P，在这里 P 也是具有素数阶 p 的加法循环群 $\mathbb{G}_p$ 的生成元。

（3）随机均匀地选取系统主控钥 $x \in [0,n)$，计算系统公钥 $y = xP$。

（4）选取密码学安全的哈希函数：$H_1:\{0,1\}^* \times \mathbb{G}_p \to \mathbb{Z}_p^*$，$H_2:\mathbb{G}_p \times \mathbb{G}_p \times \mathbb{G}_p \to \{0,1\}^l$，$H_3:\{0,1\}^{*2} \times \{0,1\}^\ell \times \mathbb{G}_p^{\ 6} \to \mathbb{Z}_p^*$，$H_4:\mathbb{G}_p^{\ 3} \to \mathbb{G}_p$，在这里 l 是消息长度。

（5）公布系统参数 $\rho =< F_p, E, p, \mathbb{G}_p, P, y, \ell, H_1 \sim H_4 >$，保密主控钥 x。

2. 用户钥生成

拥有身份 id_a 的发送者任意选取一个秘密值 $x_a \in [0,n)$，计算其公钥 $y_a = x_a P$。

同样地，拥有身份 id_b 的接收者随机均匀地选取一个秘密值 $x_b \in [0,n)$，计算其公钥 $y_b = x_b P$。

3. 部分钥生成

KGC 选取一个随机数 $\upsilon_i \in [0,1)$（i 是 a 或 b），之后计算拥有身份 id_i 的用户的部分私钥 $s_i = \upsilon_i + x \cdot H_1(id_i, y_i) \bmod p$ 和部分公钥 $u_i = \upsilon_i P$。请记住：用户的完整私钥是 $e_i =< s_i, x_i >$ 而且用户的完整公钥是 $p_i =< u_i, y_i >$。

最后，KGC 计算 $Y_i = s_i P + \upsilon_i y_i$，发送 $< s_i, u_i, Y_i >$ 给拥有身份 id_i 的用户。该用户可通过等式

$$s_i P = u_i + H_1(id_i, y_i) y$$

$$s_i P = Y_i - x_i u_i$$

验证部分私钥的真实性。

4. 签密

在签密阶段，拥有身份 id_a 的发送者计算出消息 m 的一个密文 C，之后输出该密文给拥有身份 id_b 的发送者。具体算法细节如下：

（1）选择一个随机数 $r \in [0,n)$，计算 $\sigma_1 = rP$。

（2）计算 $t = r\left(u_b + H_1(id_b, y_b) y\right)$。

（3）计算 $\kappa = H_2(t, ry_b, \sigma_1)$。

（4）利用对称加密算法计算 $\sigma_2 = \mathrm{DEM.Enc}(\kappa, m)$。

（5）计算 $\gamma = H_4(t, ry_b, \sigma_1)$。

（6）计算 $u = r\gamma$， $\sigma_3 = (s_a + x_a)\gamma$。

（7）计算 $\sigma_4 = H_3(id_a, id_b, m, u, p_a, p_b, \sigma_1)$。

（8）计算 $\sigma_5 = r + (s_a + x_a)\sigma_4 \bmod p$。

（9）输出密文 $C = (\sigma_1, \sigma_2, \sigma_3, \sigma_4, \sigma_5)$。

5. 解签密

在解签密阶段，拥有身份 id_b 的接收者收到密文 $C = (\sigma_1, \sigma_2, \sigma_3, \sigma_4, \sigma_5)$ 之后，按如下步骤进行操作：

（1）计算 $t = s_b\sigma_1$。

（2）计算 $\kappa = H_2(t, x_b\sigma_1, \sigma_1)$。

（3）利用对称解密算法恢复出明文 $m = \mathrm{DEM.Dec}(\kappa, \sigma_2)$。

（4）计算 $\gamma = H_4(t, x_b\sigma_1, \sigma_1)$。

（5）计算 $u = \sigma_5\gamma - \sigma_3\sigma_4$。

（6）计算 $\sigma_4' = H_3(id_a, id_b, m, u, p_a, p_b, \sigma_1)$。

（7）检查 $\sigma_4' = \sigma_4$ 是否成立。如果成立，接受明文 m；否则，输出符号 $\perp$。

两个等式

$$
\begin{aligned}
\kappa &= H_2(s_b\sigma_1, x_b\sigma_1, \sigma_1) \\
&= H_2\big((\upsilon_b + x \cdot H_1(id_b, y_b))rP, x_b\sigma_1, \sigma_1\big) \\
&= H_2\big(ru_b + x \cdot H_1(id_b, y_b) \cdot rP, x_b rP, \sigma_1\big) \\
&= H_2\big(r(u_b + H_1(id_b, y_b)y), ry_b, \sigma_1\big) \\
&= H_2(t, ry_b, \sigma_1)
\end{aligned}
$$

$$
\begin{aligned}
u &= \sigma_5\gamma - \sigma_3\sigma_4 \\
&= (r + (s_a + x_a)\sigma_4)\gamma - (s_a + x_a)\gamma\sigma_4 \\
&= r\gamma + (s_a + x_a)\sigma_4\gamma - (s_a + x_a)\gamma\sigma_4 \\
&= r\gamma
\end{aligned}
$$

可以保证所设计的 LC-CLHS 实例方案是正确的。

7.4 安全性证明

7.4.1 保密性

定理 7.1 如果一个 IND-LC-CLHS-CCA2-I 敌手 $\mathcal{A}_{\rm I}$ 经过 q_i 次对 H_i（i=1,2,3,4）预言机的询问、q_p 次部分私钥提取询问、q_s 次私钥询问和 q_r 次公钥替换后，能够以不可忽略的优势 ε 攻破本章的 LC-CLHS 方案在适应性选择密文攻击下的不可区分性，则一定存在一个挑战算法 Γ 至少以

$$\varepsilon \cdot \frac{1}{eq_2} \cdot \frac{1}{q_p + q_s + q_r}$$

的优势解决 ECCDH 问题，其中 e 是自然对数的底。

证明 通过归约的方法证明定理 7.1。Γ 收到一个 ECCDH 问题的随机实例 $< P, C_1 = aP, C_2 = bP >$，其目标是确定 $abP \in \mathbb{G}_p$ 的值。为了获得 ECCDH 问题实例的解答，Γ 在交互游戏中将 $\mathcal{A}_{\rm I}$ 看作是子程序并且扮演 $\mathcal{A}_{\rm I}$ 的挑战者角色。

在交互游戏开始时，Γ 运行系统初始化算法得到 $\rho =< F_p, E, p, \mathbb{G}_p, P, y = C_1, l, H_1 \sim H_4 >$，之后发送系统参数 ρ 给敌手 $\mathcal{A}_{\rm I}$。

阶段 1。$\mathcal{A}_{\rm I}$ 执行如下多项式有界次适应性询问。

H_1 询问：$\mathcal{A}_{\rm I}$ 可选择一系列身份进行 H_1 询问。收到身份 id_i 的 H_1 询问之时，Γ 检查列表 L_1（初始化为空）中是否记录有元组 $< id_i, l_i >$。如果有，挑战者返回 l_i 给敌手；否则，挑战者输出一个随机数 $l_i \in \mathbb{Z}_p^*$，之后添加 $< id_i, l_i >$ 到列表 L_1 中。设 $\mathcal{A}_{\rm I}$ 在用身份 id_i 询问其他预言机之前都先用身份 id_i 询问 H_1 预言机。

H_2 询问：收到 $< t, ry_b, \sigma_1 >$ 的 H_2 询问之时，Γ 检查列表 L_2（初始化为空）中是否存有元组 $< t, ry_b, \sigma_1, \kappa >$。如果有，挑战者发送对称密钥 κ 给 $\mathcal{A}_{\rm I}$；否则，挑战者输出任意选取的 $\kappa \in \{0,1\}^{\ell}$，之后添加 $< t, ry_b, \sigma_1, \kappa >$ 到列表 L_2 中。

H_3 询问：收到 $< t, ry_b, \sigma_1 >$ 的 H_3 询问之时，Γ 检查列表 L_3（初始化为空）中是否记录有匹配的元组。如果有，挑战者输出杂凑值 σ_3 给 $\mathcal{A}_{\rm I}$；否则，挑战者返回任意选取的 $\sigma_3 \in \mathbb{Z}_p^*$，之后添加相关元组到列表 L_3 中。

H_4 询问：收到 $< t, ry_b, \sigma_1 >$ 的 H_4 询问之时，Γ 检查列表 L_4（初始化为空）中是否存有匹配的元组。如果有，挑战者返回哈希值 γ 给 $\mathcal{A}_{\rm I}$。否则，挑战者输出一个随机数 $\gamma \in \mathbb{G}_p$，之后添加 $< t, ry_b, \sigma_1, \kappa >$ 到列表 L_4 中。

公钥询问：挑战者从 $\{1, 2, ..q_1\}$ 选取一个整数 τ 并且将 id_τ 看作是挑战阶段的目标身份，$< \tau, id_\tau >$ 对于敌手而言是未知的。设 δ 表示 $id_i = id_\tau$ 的概率，δ 的值

后面确定。$\mathcal{A}_{\mathrm{I}}$ 在任何时候都可以发出对身份 id_i 的公钥询问。设在请求公钥之前 $\mathcal{A}_{\mathrm{I}}$ 已经询问过 H_1 预言机。挑战者做出的响应分两种情况。

情况 1：如果 $id_i = id_\tau$，挑战者选取一个随机数 $x_i \in [0,1]$，计算 $y_i = x_i P$，$u_i = (1-l_i)C_1$，然后输出完整公钥 $p_i =< u_i, y_i >$ 给 $\mathcal{A}_{\mathrm{I}}$ 并且记录 $< id_i, -, -, x_i, -, p_i >$ 到列表 L_k（起初为空，该表记录公私钥的询问与应答值）中。

情况 2：如果 $id_i \neq id_\tau$，挑战者选取一个随机数 $x_i, \upsilon_i \in [0,n)$，计算 $y_i = x_i P$，$u_i = \upsilon_i P - l_i C_1$，然后输出完整公钥 $p_i =< u_i, y_i >$ 给敌手并且记录 $< id_i, \upsilon_i, -, x_i, -, p_i >$ 到列表 L_k 中。

秘密值询问：$\mathcal{A}_{\mathrm{I}}$ 在任何时候都可询问身份 id_i 的秘密值。如果 $id_i = id_\tau$，挑战者终止仿真；否则，挑战者输出从列表 L_k 中找到的秘密值 x_i 给敌手。

部分私钥询问：$\mathcal{A}_{\mathrm{I}}$ 在任何时候都可进行身份 id_i 的部分私钥询问。设在部分私钥询问之前，$\mathcal{A}_{\mathrm{I}}$ 已询问过 H_1 预言机和公钥预言机。挑战者的响应分两种情况。

情况 1：如果 $id_i = id_\tau$，挑战者终止仿真。

情况 2：如果 $id_i \neq id_\tau$，挑战者计算 $s_i = \upsilon_i$，$Y_i = s_i P + \upsilon_i y_i$（身份 id_i 的完整私钥是 $e_i =< s_i, x_i >$），然后发送 $< s_i, Y_i >$ 给敌手 $\mathcal{A}_{\mathrm{I}}$ 并且使用 $< id_i, \upsilon_i, s_i, x_i, e_i, p_i >$ 更新列表 L_k。$\mathcal{A}_{\mathrm{I}}$ 可以通过两个等式

$$s_i P = u_i + l_i C_1 ,\quad s_i P = Y_i - x_i u_i$$

验证部分公钥 u_i 和部分私钥 s_i 的有效性。

公钥替换：$\mathcal{A}_{\mathrm{I}}$ 提供身份 id_i 的两个新公钥 $< u_i', y_i' >$。如果 $id_i = id_\tau$，挑战者终止仿真；否则，挑战者使用 $< id_i, -, -, -, -, p_i' >$ 更新列表 L_k。

签密询问：$\mathcal{A}_{\mathrm{I}}$ 在任何时候都可发出对消息 m、发送者身份 id_a 及接收者身份 id_b 的签密询问。设在签密询问之前，$\mathcal{A}_{\mathrm{I}}$ 已询问过 H_1 预言机和公钥预言机。

如果 $id_a = id_\tau$，挑战者运行实际的签密算法生成一个密文 C 并且发送该密文给 $\mathcal{A}_{\mathrm{I}}$；否则，挑战者做出如下响应：

（1）选择随机数 $r, d \in [0,1)$。

（2）计算 $\sigma_1 = rP$，$t = r_b \sigma_1$。

（3）计算 $\kappa = H_2(t, x_b\sigma_1, \sigma_1)$，记录 $< t, x_b\sigma_1, \sigma_1 >$ 到列表 L_2 中。

（4）计算 $\sigma_2 = \mathrm{DEM.Enc}(\kappa, m)$。

（5）计算 $\gamma = w(u_a + l_a C_1 + y_a)$，记录 $< t, ry_b, \sigma_1, \gamma >$ 到列表 L_4 中。

（6）计算 $u = r\gamma$，$\sigma_3 = wd(u_a + l_a C_1 + y_a)$。

（7）计算 $\sigma_4 = rd$，记录 $< id_a, id_b, m, u, p_a, p_b, \sigma_1, \sigma_4 >$ 到列表 L_3 中。

（8）计算 $\sigma_5 = r + \sigma_4 d \bmod n$。

（9）返回密文 $C=<\sigma_1,\sigma_2,\sigma_3,\sigma_4,\sigma_5>$。

解签密询问：$\mathcal{A}_{\mathrm{I}}$ 在任何时候都可发出对密文 C、发送者身份 id_a 及接收者身份 id_b 的解签密询问。设在解签密询问之前，$\mathcal{A}_{\mathrm{I}}$ 已询问过 H_3 预言机、H_4 预言机和公钥预言机。

如果 $id_b=id_\tau$，挑战者运行实际的解签密算法得到一个结果并且将该结果发送给 $\mathcal{A}_{\mathrm{I}}$；否则，挑战者从列表 L_2 中寻找不同 t 值的元组 $<t,x_b\sigma_1,\sigma_1,\kappa>$ 使得询问 $<y,\sigma_1,t>$ 时 ECDDH 预言机返回的值为 1，其中 x_b 可从列表 L_k 或敌手 $\mathcal{A}_{\mathrm{I}}$ 处得到。如果这种情况发生，挑战者继续如下响应：

（1）计算 $m=\mathrm{DEM.Dec}(\kappa,\sigma_2)$。

（2）计算 $u=\sigma_5\gamma-\sigma_4\sigma_3$。

（3）计算 $\sigma_4'=H_3(id_a,id_b,m,u,p_a,p_b,\sigma_1)$。

（4）如果 $\sigma_4'=\sigma_4$ 成立，输出明文 m；否则，输出符号 $\perp$。

挑战。在阶段 1 结束之时，$\mathcal{A}_{\mathrm{I}}$ 生成等长的消息 $m_0,m_1\in\{0,1\}^\ell$ 和希望挑战的接收者身份 id_b^* 和发送者身份 id_a^*。在阶段 1：第一，$\mathcal{A}_{\mathrm{I}}$ 不能询问身份 id_b^* 的秘密值和部分私钥；第二，身份 id_b^* 不能是公钥已被替换的那个身份。

设在挑战阶段之前，$\mathcal{A}_{\mathrm{I}}$ 已询问过 H_1 预言机和公钥预言机。如果 $id_b^*\neq id_\tau$，挑战者终止仿真；否则，挑战者选取任意的 $\kappa_0\in\kappa_{\text{LC-CLHS}}$ 及 $\beta\in\{0,1\}$，然后继续进行响应：

（1）设置 $\sigma_1^*=C_2$。

（2）选取任意的 $t^*\in\mathbb{G}_p$，$w^*\in[0,n)$。

（3）计算 $\kappa_1=H_2\left(t^*,x_b^*\sigma_1^*,\sigma_1^*\right)$，记录 $<t^*,x_b^*\sigma_1^*,\sigma_1^*,\kappa_1>$ 到列表 L_2 中。

（4）计算 $\sigma_2^*=\mathrm{DEM.Enc}\left(\kappa_\beta,m_\beta\right)$。

（5）计算 $\gamma^*=w^*C_2$，记录 $<t^*,x_b^*\sigma_1^*,\sigma_1^*,\gamma^*>$ 到列表 L_4 中。

（6）计算 $u^*=\gamma^*$，$\sigma_3^*=w^*\left(s_a^*+x_a^*\right)C_2$。

（7）计算 $\sigma_4^*=H_3\left(id_a^*,id_b^*,m_\beta,u^*,p_a^*,p_b^*,\sigma_1^*\right)$，记录 $<id_a^*,id_b^*,m_\beta,u^*,p_a^*,p_b^*,\sigma_1^*,\sigma_4^*>$ 到列表 L_3 中。

（8）计算 $\sigma_5^*=1+\sigma_4^*\left(s_a^*+x_a^*\right)\bmod p$。

（9）输出 $C^*=<\sigma_1^*,\sigma_2^*,\sigma_3^*,\sigma_4^*,\sigma_5^*>$。

阶段 2。$\mathcal{A}_{\mathrm{I}}$ 在这个阶段像阶段 1 那样进行多项式有界次适应性询问，挑战者像阶段 1 那样做出有关响应。在这个阶段：第一，$\mathcal{A}_{\mathrm{I}}$ 不能询问身份 id_b^* 的秘密值和部分私钥；第二，$\mathcal{A}_{\mathrm{I}}$ 不能对挑战密文 C^* 进行解签密询问；第三，身份 id_b^* 不能是公钥已经被替换的那个身份。

已设敌手具有攻破 LC-CLHS 方案的 IND-LC-CLHS-CCA2-I 安全性的能力。根据上述仿真过程可知，$\mathcal{A}_{\mathrm{I}}$ 对 H_2 预言机请求过 q_2 次询问，则在列表 L_2 中应该记录有最多 q_2 个询问与应答值。挑战者从列表 L_2 中的 q_2 个询问与应答值中均匀选取含有 t^* 的元组 $< t^*, x_b^* \sigma_1^*, \sigma_1^*, \kappa >$，输出

$$\begin{aligned} t^* &= r_b^* \sigma_1^* \\ &= b\left(u_b^* + l_b^* C_1\right) \\ &= b\left(\left(1 - l_b^*\right) C_1 + l_b^* C_1\right) \\ &= abP \end{aligned}$$

作为 ECCDH 问题实例的解答。

现在分析挑战利用 $\mathcal{A}_{\mathrm{I}}$ 的能力解决 ECCDH 问题的成功概率。

根据上述证明过程可知，挑战者在阶段 1 或阶段 2 不终止模拟的概率是 $\delta^{q_p+q_s+q_r}$，那么挑战者在挑战阶段不终止模拟的概率是 $1-\delta$。这样，挑战者不放弃对交互游戏执行的概率是 $\delta^{\left(q_p+q_s+q_r\right)}(1-\delta)$，这个值在

$$\delta = 1 - \frac{1}{1 + q_p + q_s + q_r}$$

处达到最大。

根据文献[10]中的方法，可以推导出挑战者在交互游戏进行的过程都不终止仿真的概率至少是

$$\frac{1}{e} \cdot \frac{1}{q_p + q_s + q_r}$$

挑战者从列表 L_2 中随机选取 t^* 作为 ECCDH 问题实例解答的概率是 $1/q_2$。于是可得，挑战者解决 ECCDH 问题的成功概率至少是

$$\varepsilon \cdot \frac{1}{eq_2} \cdot \frac{1}{q_p + q_s + q_r}$$

定理 7.2 如果一个 IND-LC-CLHS-CCA2-II 敌手 $\mathcal{A}_{\mathrm{II}}$ 经过 q_i 次对 H_i（i=1,2, 3,4）预言机的询问、q_s 次私钥询问和 q_p 次部分私钥询问以后，能够以不可忽略的优势 ε 攻破本章的 LC-CLHS 方案在适应性选择密文攻击下的不可区分性，则一定存在一个挑战算法 Γ 至少以

$$\varepsilon \cdot \frac{1}{eq_2} \cdot \frac{1}{q_s + q_p}$$

的优势解决 ECCDH 问题，其中 e 是自然对数的底。

证明　通过归约的方法证明定理 7.2。Γ 收到一个 ECCDH 问题的随机实例 $< P, C_1 = aP, C_2 = bP >$，其目的是确定 $abP \in \mathbb{G}_p$ 的值。为了得到 ECCDH 问题实例的解答，Γ 在交互游戏中扮演 $\mathcal{A}_{\text{II}}$ 的挑战者并且将 $\mathcal{A}_{\text{II}}$ 看作是子程序。

在交互游戏开始时，Γ 通过运行系统初始化算法计算得到系统参数 $\rho =< F_p, E, p, \mathbb{G}_p, P, y = xP, l, H_1 \sim H_4 >$，然后输出 $< \rho, x >$ 给敌手 $\mathcal{A}_{\text{II}}$。

阶段 1。$\mathcal{A}_{\text{II}}$ 发出如下多项式有界次适应性询问。

H_1 询问~H_4 询问：$\mathcal{A}_{\text{II}}$ 在任何时候都可以像定理 7.1 中的阶段 1 那样对 H_1~H_4 预言机发出多项式有界次适应性询问。挑战者对适应性询问做出的响应与定理 7.1 中的阶段 1 完全相同。具体细节见定理 7.1，在这里不再重复叙述。

公钥询问：挑战者选取一个整数 $\tau \in \{1, 2, ..q_1\}$ 并且将 id_τ 看作是挑战的目标身份，但是 $< \tau, id_\tau >$ 对于敌手而言是未知的。设 δ 是 $id_i = id_\tau$ 的概率，δ 的值后面确定。$\mathcal{A}_{\text{II}}$ 发出对身份 id_i 的公钥询问。设在公钥询问之前，$\mathcal{A}_{\text{II}}$ 已经询问过 H_1 预言机。挑战者做出的响应分两种情况。

情况 1：如果 $id_i = id_\tau$，挑战者选取一个随机数 $\upsilon_i \in [0,1)$，计算 $u_i = \upsilon_i P$，$y_i = C_1$。然后输出完整公钥 $p_i =< u_i, y_i >$ 给敌手并且记录 $< id_i, \upsilon_i, -, -, p_i >$ 到列表 L_k（起初为空）中。

情况 2：如果 $id_i = id_\tau$，挑战者任意选取 $x_i, \upsilon_i \in [0,1)$，计算 $u_i = \upsilon_i P$，$y_i = x_i P$。然后发送完整公钥 $p_i =< u_i, y_i >$ 给敌手并且记录 $< id_i, \upsilon_i, x_i, -, p_i >$ 到列表 L_k（起初为空）中。

秘密值询问：$\mathcal{A}_{\text{II}}$ 发出对身份 id_i 的秘密值询问。如果 $id_i = id_\tau$，挑战者放弃仿真；否则，挑战者从列表 L_k 中找到秘密值 x_i，然后输出该秘密值给敌手。

部分私钥询问：$\mathcal{A}_{\text{II}}$ 发出对身份 id_i 的部分私钥询问。设在部分私钥询问之前，$\mathcal{A}_{\text{II}}$ 已经询问过 H_1 预言机。如果 $id_i = id_\tau$，挑战者放弃仿真；否则，挑战者计算 $s_i = \upsilon_i + l_i x \bmod p$，$Y_i = s_i P + \upsilon_i y_i$，然后发送 $< s_i, Y_i >$ 给敌手并且用 $< id_i, \upsilon_i, s_i, e_i, p_i >$ 更新列表 L_k。很显然，$e_i =< s_i, x_i >$ 是完整私钥。敌手 $\mathcal{A}_{\text{II}}$ 可以通过两个等式

$$s_i P = u_i + l_i y, \quad s_i P = Y_i - x_i u_i$$

来验证部分私钥 s_i 和部分公钥 u_i 的真实性。

签密询问：$\mathcal{A}_{\text{II}}$ 发出对三元组 $< id_a, id_b, m >$ 的签密询问。设在签密询问之前，$\mathcal{A}_{\text{II}}$ 已经询问过 H_1 预言机和公钥预言机。

如果 $id_a \neq id_\tau$，挑战者运行实际的签密算法获得一个密文 C 并且输出得到的密文给敌手；否则，挑战者做出如下响应：

（1）选取随机数 $r,d \in [0,1)$。

（2）计算 $\sigma_1 = rP$，$t = s_b\sigma_1$。

（3）计算 $\kappa = H_2(t, x_b\sigma_1, \sigma_1)$，记录 $< t, x_b\sigma_1, \sigma_1, \kappa >$ 到列表 L_2 中。

（4）计算 $\sigma_2 = \mathrm{DEM.Enc}(\kappa, m)$。

（5）计算 $\gamma = w(u_a + l_a y + C_1)$，记录 $< t, ry_b, \sigma_1, \gamma >$ 到列表 L_4 中。

（6）计算 $u = r\gamma$，$\sigma_3 = wd(u_a + l_a y + C_1)$。

（7）计算 $\sigma_4 = rd$，记录 $< id_a, id_b, m, u, p_a, p_b, \sigma_1, \sigma_4 >$ 到列表 L_3 中。

（8）计算 $\sigma_5 = r + \sigma_4 d \bmod n$。

（9）输出密文 $C =< \sigma_1, \sigma_2, \sigma_3, \sigma_4, \sigma_5 >$。

解签密询问：$\mathcal{A}_{\text{II}}$ 发出对三元组 $< id_a, id_b, C >$ 的解签密询问。设在解签密询问之前，$\mathcal{A}_{\text{II}}$ 已询问过公钥预言机和 H_3/H_3 预言机。

如果 $id_b \neq id_\tau$，挑战者运行实际的解签密算法，之后返回运行结果给敌手；否则，挑战者计算 $t = s_b\sigma_1$，之后在列表 L_2 中仔细寻找不同 r 值的元组 $< t, \upsilon, \sigma_1, \kappa >$ 使得敌手在询问 $< y_b, \sigma_1, \upsilon >$ 时 ECDDH 预言机返回的值为 1。如果这种情况发生，则挑战者继续响应：

（1）计算 $m = \mathrm{DEM.Dec}(\kappa, \sigma_2)$。

（2）计算 $u = \sigma_5\gamma - \sigma_4\sigma_3$。

（3）计算 $\sigma_4' = H_3(id_a, id_b, m, u, p_a, p_b, \sigma_1)$。

（4）如果 $\sigma_4' = \sigma_4$，输出明文 m；否则，输出符号 $\perp$。

挑战。在阶段 1 结束后之时，$\mathcal{A}_{\text{II}}$ 选择等长的明文 $m_0, m_1 \in \{0,1\}^\ell$ 及希望挑战的发送者身份 id_a^* 和接收者身份 id_b^*。在阶段 1，身份 id_b^* 的秘密值不能被询问。

设在挑战阶段之前，敌手已询问过公钥预言机和 H_1 预言机。如果 $id_b^* \neq id_\tau$，挑战者终止仿真；否则，挑战者任意选取 $\kappa_0 \in \kappa_{\text{LC-CLHS}}$，然后继续做出反应：

（1）选取任意的 $\eta^* \in \mathbb{G}_p$，$w^* \in [0,n)$。

（2）设置 $\sigma_1^* = C_2$，计算 $t^* = r_b^* C_2$。

（3）计算 $\kappa_1 = H_2(t^*, \eta^*, \sigma_1^*)$，记录 $< t^*, \eta^*, \sigma_1^*, \kappa_1 >$ 到列表 L_2 中。

（4）选取任意的 $\beta \in \{0,1\}$，计算 $\sigma_2^* = \mathrm{DEM.Enc}(\kappa_\beta, m_\beta)$。

（5）计算 $\gamma^* = w^* C_2$，记录 $< t^*, x_b^* \sigma_1^*, \sigma_1^*, \gamma^* >$ 到列表 L_4 中。

（6）计算 $u^* = \gamma^*$，$\sigma_3^* = w^*(s_a^* + x_a^*)C_2$。

（7）计算 $\sigma_4^* = H_3(id_a^*, id_b^*, m_\beta, u^*, p_a^*, p_b^*, \sigma_1^*)$，记录 $< id_a^*, id_b^*, m_\beta, u^*,$

$p_a^*, p_b^*, \sigma_1^*, \sigma_4^* >$ 到列表 L_3 中。

（8）计算 $\sigma_5^* = 1 + \sigma_4^*\left(s_a^* + x_a^*\right) \bmod n$。

（9）输出 $C^* =< \sigma_1^*, \sigma_2^*, \sigma_3^*, \sigma_4^*, \sigma_5^* >$。

阶段2。$\mathcal{A}_{\mathrm{II}}$ 像阶段 1 那样继续对各种预言机发出多项式有界次适应性询问。挑战者也像阶段 1 那样回答这些适应性询问。受限条件是：第一，敌手不能询问身份 id_b^*的秘密值；第二，敌手不能针对挑战密文 C^*询问解签密预言机。

已设敌手有能力攻破LC-CLHS方案的IND-LC-CLHS-CCA2-II安全性。根据仿真过程可知，敌手对 H_2 预言机进行过 q_2 次询问，则在列表 L_2 中存有 q_2 个“询问与应答”元组。挑战者从列表 L_2 中的这些“询问与应答”元组中随机选择包含有 η^* 的元组 $< t^*, \eta^*, \sigma_1^* >$，输出 η^* 作为 ECCDH 问题实例的解答，即

$$\eta^* = x_b^* \sigma_1^* = x_b^* C_2 = abP$$

现在分析挑战者利用 $\mathcal{A}_{\mathrm{II}}$ 的能力解决 ECCDH 问题的成功概率。

通过上述证明过程可知，挑战者在阶段 1 或阶段 2 不终止模拟的概率是 $\delta^{(q_s+q_p)}$，则挑战者在挑战阶段不终止模拟的概率是 $1-\delta$。这样，挑战者不放弃对交互游戏的执行的概率是 $\delta^{(q_p+q_s)}(1-\delta)$，这个值在

$$\delta = 1 - \frac{1}{1 + q_s + q_p}$$

处达到最大。

根据文献[10]中的方法，可以推导出挑战者在交互游戏进行的过程中都不终止仿真的概率至少是

$$\frac{1}{e} \cdot \frac{1}{q_s + q_p}$$

挑战者从列表 L_2 中均匀选取 η^* 作为 ECCDH 问题实例解答的概率是 $1/q_2$。于是可得，挑战者解决 ECCDH 问题的成功概率至少是

$$\varepsilon \cdot \frac{1}{eq_2} \cdot \frac{1}{q_s + q_p}$$

7.4.2　不可伪造性

定理 7.3　如果存在一个 UF-LC-CLHS-CMA-I 伪造者 $\mathcal{F}_1$ 经过 q_i 次对 H_i（i=1,2,3,4）预言机的询问、q_p 次部分私钥提取询问、q_s 次私钥询问及 q_r 次公钥替换以后，能够以不可忽略的优势 ε 伪造本章的 LC-CLHS 方案的一个有效密

文，则必定存在一个挑战算法 Γ 至少以

$$\varepsilon \cdot \frac{1}{e\left(q_p + q_s + q_r\right)}$$

的优势解决 ECDL 问题，在这里 e 是自然对数的底。

证明　通过归约的方法证明定理 7.3。Γ 收到一个 ECDL 问题的随机实例 $< P, C_1 = aP >$，其目的是确定 a 的值。为了获得 ECDL 问题实例的解答，Γ 在交互游戏中扮演 $\mathcal{F}_{\mathrm{I}}$ 的挑战者并且将 $\mathcal{F}_{\mathrm{I}}$ 看作是其子程序。

在交互游戏开始之时，挑战者 Γ 运行系统初始化算法计算得到系统参数 ρ，之后将 ρ 发送给伪造者 $\mathcal{F}_{\mathrm{I}}$，其中 $y = C_1$。

训练。$\mathcal{F}_{\mathrm{I}}$ 在这个阶段像定理 7.1 中的阶段 1 那样进行多项式有界次适应性询问。Γ 所做出的响应也完全相同于定理 7.1 的阶段 1。

伪造。在训练结束之时，伪造者 $\mathcal{F}_{\mathrm{I}}$ 输出给挑战者一个伪造的三元组 $< C^*, id_a{}^*, id_b{}^* >$。在训练期间：第一，$\mathcal{F}_{\mathrm{I}}$ 不能询问身份 $id_a{}^*$ 的秘密值和部分私钥；第二，$\mathcal{F}_{\mathrm{I}}$ 不能对伪造密文 C^* 进行解签密询问；第三，身份 $id_a{}^*$ 不能是公钥替换的那个身份。

如果 $id_a{}^* \neq id_\tau$，挑战者终止仿真；否则，挑战者生成另一个有效密文 $C^{**} =< \sigma_1{}^*, \sigma_2{}^{**}, \sigma_3{}^{**}, \sigma_4{}^{**}, \sigma_5{}^{**} >$，则由

$$\begin{cases} \sigma_1^* = \sigma_5^* - \sigma_4^*\left(\upsilon_a^* + a + x_a^*\right) \\ \sigma_1^* = \sigma_5^{**} - \sigma_4^{**}\left(\upsilon_a^{**} + a + x_a^{**}\right) \end{cases}$$

推导出

$$a = \frac{\sigma_4^* - \sigma_4^{**} + \sigma_3^{**}\left(\upsilon_a^{**} + x_a^{**}\right) - \sigma_3^*\left(\upsilon_a^* + x_a^*\right)}{\sigma_3^* - \sigma_3^{**}}$$

现在分析挑战者利用伪造者 $\mathcal{F}_{\mathrm{I}}$ 的能力解决 ECDL 问题的成功概率。

依据定理 7.1 的概率分析可知，挑战者 Γ 在交互游戏进行的过程中都不放弃仿真的概率至少是

$$\frac{1}{e\left(q_p + q_s + q_r\right)}$$

于是可得，挑战者解决 ECDL 问题的成功概率至少是

$$\varepsilon \cdot \frac{1}{e\left(q_p + q_s + q_r\right)}$$

定理 7.4　如果存在一个 UF-LC-CLHS-CMA-II 伪造者 $\mathcal{F}_{\mathrm{II}}$ 经过 q_i 次对 H_i

（i=1,2,3,4）预言机的询问、q_p 次部分私钥提取询问和 q_s 次私钥询问之后，能够以不可忽略的优势 ε 伪造本章的 LC-CLHS 方案的一个有效密文，则必定存在一个挑战算法 Γ 至少以

$$\varepsilon \cdot \frac{1}{e\left(q_p + q_s\right)}$$

的优势解决 ECDL 问题，在这里 e 是自然对数的底。

证明　通过归约的方法证明定理 7.4。Γ 收到一个 ECDL 问题的随机实例 $< P, C_1 = aP >$，其目的是确定 a 的值。为了确定出 ECDL 问题实例的解答，Γ 在交互游戏中将 $\mathcal{F}_{\mathrm{II}}$ 看作其子程序并且扮演 $\mathcal{F}_{\mathrm{I}}$ 的挑战者。

在交互游戏开始之时，Γ 运行系统初始化算法得到系统参数 ρ，之后发送 $< \rho, x >$ 给伪造者 $\mathcal{F}_{\mathrm{II}}$，其中 $y = xP$。

训练。在这个阶段，伪造者 $\mathcal{F}_{\mathrm{II}}$ 像定理 7.2 中的阶段 1 那样进行多项式有界次适应性询问。挑战者所做出的响应完全相同于定理 7.2 的阶段 1。

伪造。训练结束之时，$\mathcal{F}_{\mathrm{II}}$ 输出一个伪造的三元组 $< C^*, id_a^*, id_b^* >$ 给挑战者。在训练期间：第一，$\mathcal{F}_{\mathrm{II}}$ 不能对挑战密文 C^*进行解签密询问；第二，$\mathcal{F}_{\mathrm{II}}$ 也不能询问身份 id_a^*的秘密值和部分私钥。

如果 $id_a^* \neq id_\tau$，挑战者终止仿真；否则，挑战者计算出另一有效密文 $C^{**} = < \sigma_1^*, \sigma_2^{**}, \sigma_3^{**}, \sigma_4^{**}, \sigma_5^{**} >$，则由

$$\begin{cases} \sigma_1^{**} = \sigma_5^* - \sigma_4^*\left(\upsilon_a^* + x + a\right) \\ \sigma_1^* = \sigma_5^{**} - \sigma_4^{**}\left(\upsilon_a^{**} + x + a\right) \end{cases}$$

推导出

$$a = \frac{\sigma_4^* - \sigma_4^{**} + \sigma_3^{**}\left(\upsilon_a^{**} + x\right) - \sigma_3^*\left(\upsilon_a^* + x\right)}{\sigma_3^* - \sigma_3^{**}}$$

现在分析挑战者利用伪造者 $\mathcal{F}_{\mathrm{I}}$ 的能力解决 ECDL 问题的成功概率。

依据定理 7.2 的概率分析可知，挑战者在交互游戏进行的过程中都不放弃仿真的概率至少是

$$\frac{1}{e\left(q_s + q_p\right)}$$

于是可得，挑战者解决 ECDL 问题的成功概率至少是

$$\varepsilon \cdot \frac{1}{e\left(q_p + q_s\right)}$$

7.5 性 能 分 析

LC-CLHS 方案是基于 ECCDH 和 ECDL 假设提出来的。本节依据计算效率和安全属性比较分析本章 LC-CLHS 方案和其他几种类似方案[4-6]，如表 7.1 所示。表中的运算主要指的是签密算法和解签密算法中的运算。

表 7.1　计算效率和安全属性的比较

方案	乘法运算	双线性对运算	保密性	不可伪造性
文献[4]中的方案	5	1（+6）	yes	yes
文献[5]中的方案	3	1（+7）	yes	yes
文献[6]中的方案	2	2（+0）	yes	no
本章的 LC-CLHS 方案	9	0（+0）	yes	yes

从表 7.1 可以看出，除文献[6]中的密码方案是存在性可伪造的，其他几种密码方案不但具有不可伪造性而且具有保密性。比较分析结果表明本章的 LC-CLHS 方案没有使用双线性对运算，计算效率明显高于已有密码方案。

7.6 本 章 小 结

本章设计的 LC-CLHS 方案在随机预言模型下被证明能够抵制适应性选择密文攻击和适应性选择明文攻击。对于此方案而言，如果发送者的私钥泄露，一个攻击者不能从密文中恢复出明文；如果接收者的私钥泄露，一个攻击者也不可能伪造出一个有效密文。此方案能够实现任意长度消息的保密和安全通信，在资源受限的无线传感器网络和 Ad Hoc 网络等环境中具有很好的应用前景。

参 考 文 献

[1] Cao X, Kou W, Dang L, et al. IMBAS: identity-based multiuser broadcast authentication in wireless sensor network. Computer Communications, 2008, 31（4-5）: 659-671
[2] Koblitz N. Elliptic curve cryptosystems. Mathematics of Computation, 1987, 48（177）: 203-209
[3] Szczechowiak P, Oliveira L B, Scott M, et al. NanoECC: testing the limits of elliptic curve cryptography in sensor networks// Proceedings of the WSN, LNCS 4913, 2008: 305-320
[4] Li F G, Shirase M, Takagi T. Certificateless hybrid signcryption. Mathematical and Computer Modelling, 2013, 57（3-4）: 324-343
[5] 俞惠芳, 杨波. 可证安全的无证书混合签密. 计算机学报, 38（4）: 804-813

[6] 孙银霞, 李晖. 高效的无证书混合签密. 软件学报, 22（7）: 1690-1698
[7] 周才学. 改进的无证书混合签密方案., 计算机应用研究, 2013, 30（1）: 273- 281
[8] Han Y L, Yue Z L, Fang D Y, et al. New multivariate-based certificateless hybrid signcryption scheme for multi-recipient. Wuhan University Journal of Natural Sciences, 2014, 19（5）: 433-440
[9] Yu H F, Yang B. Low-computation certificateless hybrid signcryption scheme. Frontier of Information Technology & Electronic Engineering, 2017, 18（7）: 928-940
[10] 俞惠芳, 杨波. 使用 ECC 的身份混合签密方案. 软件学报, 2015, 26（12）: 3174-3182

第 8 章　总结与展望

计算机、通信和网络等信息技术的迅速发展，极大提升了信息处理、获取、传输、存储和应用的能力，社会信息化已经成为当今世界发展的核心和潮流。互联网的普及更加方便了信息的共享和交流，信息的开发、利用和控制方面的研究也成为国家与国家之间利益争夺的主要目标，信息安全已与国家战略利益和国民经济发展紧密地结合在一起，信息安全问题是世人关注的社会问题。

认证和加密是信息安全的两个基本目标，整合了认证和加密的公钥签密方案要求被传输的消息取自某个特定的集合，这在一定程度上影响了公钥签密的密码学应用范围。在大数据和云计算安全时代，有些实际应用需要处理的消息越来越大，混合签密在这种应用需求下产生并发展起来。

8.1　总　　结

信息安全问题是个庞大复杂的系统工程问题，涉及密码学、信息论、数学、数据库系统、操作系统、法律、通信等诸多学科和技术。密码学和信息论是信息安全的核心和基础。作者在进行密码学研究的过程中全面学习了数论和信息论知识，并且在研读文献和撰写科研论文过程中积累了许多难能可贵的经验教训。密码学的研究内容非常多，但由于作者精力有限，没有能够在各个方向上进行深入研究和获得突破。虽然未能在密码学各方向进行大量研究以取得成果，但作者坚信这将不会成为自己的遗憾，相反会成为自己今后的研究动力和努力方向。

本书重点描述了不同公钥认证的混合签密理论和具体实例方案的设计，探索性地研究了这些实例方案的可证明安全性理论。在混合密码学中，在KEM-DEM 结构的理论基础上设计的安全实用的签密方案可满足大数据和云计算安全方面的应用需求。本书主要研究了适合于密码学不同应用需求的基于身份的混合签密（IBHS）方案、采用三个乘法循环群的高效安全的无证书混合签密（ES-CLHS）方案、可证明安全的无证书混合签密（PS-CLHS）方案、无证书的混合环签密方案（CLHRS）方案和低计算复杂度的无证书混合签密（LC-CLHS）方案。具体地讲，研究了如上所述的几种密码方案的算法模型、形式化安全定义、实例方案的构造及其可证明安全性理论。本书的主要内容体现在以下几个方面：

（1）在身份密码学和混合签密技术的理论基础上，给出了一个 IBHS 方案的算法模型和形式化安全定义，进而在联合双线性 Diffie-Hellman 问题和联合计算 Diffie-Hellman 问题的困难假设下设计了一个新颖的 IBHS 实例方案。然后在随机预言模型下证明了该实例方案满足 IND-IBHS-CCA2 和 UF-IBHS-CMA 安全性。

（2）在无证书密码学和混合签密技术的理论基础上，给出了一个 ES-CLHS 方案的算法模型和形式化安全定义，进而采用三个乘法循环群构造了一个 ES-CLHS 实例方案。之后在联合双线性 Diffie-Hellman 问题和联合计算 Diffie-Hellman 问题的困难假设下证明了该实例方案具有适应性选择密文攻击下的不可区分性和适应性选择明文攻击下的不可伪造性。

（3）在双线性映射和无证书混合签密技术的理论基础上，给出了一个 PS-CLHS 方案的算法模型和形式化安全定义，进而在双线性 Diffie-Hellman 问题和计算 Diffie-Hellman 问题的困难假设下设计了一个 PS-CLHS 实例方案。之后详细证明了该实例方案的 IND-PS-CLHS-CCA2 安全性和 UF-PS-CLHS-CMA 安全性。该实例方案的计算复杂度和通信成本明显优于同类密码方案，在密码学应用环境中具有很好的实用价值。

（4）根据环签密在电子投票、匿名通信、多方安全计算等实际环境中的应用需求，给出了一个 CLHRS 方案的算法模型和形式化安全定义，进而构造了一个 CLHRS 实例方案。在随机预言模型下该实例方案的安全性归约到了双线性 Diffie-Hellman 假设和计算性 Diffie-Hellman 假设。

（5）将椭圆曲线密码系统和无证书混合签密的思想集成在一起，给出了一个 LC-CLHS 的算法模型和形式化安全定义，进而在椭圆曲线离散对数问题和椭圆曲线计算性 Diifie-Hellman 问题的困难假设下构造了一个 LC-CLHS 实例方案。之后在随机预言模型下证明了该实例方案具有 IND-LC-CLHS-CCA2 和 UF-LC-CLHS-CMA 安全性。

8.2　展　望

混合密码系统不仅是对称密码和公钥密码的简单组合，而且可看作是公钥密码系统的一个分支。混合签密是新兴的混合密码学技术。虽然目前已经取得了一些混合签密方面的研究进展，但是研究工作还远远没有停止，尤其离实际场景中的实践应用还存在着很大差距。不同公钥认证的具有特性的混合签密的方案设计、形式化安全定义及其可证明安全性理论研究还需要进一步完善和继续深入。实际应用场景中的解决方案更需要继续深入研究。通过前期积累，作者发现尚有以下几个方面具有进一步研究的理论意义和实际价值。

1. 没有随机预言机的混合签密方案研究

现有的混合签密方案绝大多数都是基于随机预言模型的。虽然普遍认为标准模型下的密码方案计算效率比较低，但在真实环境中标准模型中的安全性能够得以保证。研究表明标准模型中可证明安全的密码方案一般比随机预言模型中可证明安全的密码方案计算复杂度高。许多密码方案在标准模型中建立安全性归约是比较困难的。然而，标准模型中密码方案的安全性证明更令人信服，因而设计标准模型下的可证明安全的混合签密方案是下一步的重要研究内容之一。

2. 通用可复合安全的混合签密方案研究

复合安全需要保证某个密码方案在独立计算的情况下是安全的，在复杂的网络环境中该密码方案运行的多个实例仍然是安全的；而且该密码方案作为其他密码方案的组件，通过复合操作构成的大型密码方案仍然是安全的。然而，在通用可复合安全框架下提出的通用可复合安全的混合签密方案目前很少见到相关报道。实际的情况是在复杂的网络和分布式环境下许多在孤立模型中安全的单个密码方案与其他密码方案组合后，根本无法保证组合以后形成的复杂密码方案的安全性。

由此可见，如果所设计的通用可组合的混合签密方案被证明是复合安全的，那么该密码方案在与其他密码方案组合使用的时候，不破坏整个系统的安全性。构造通用可复合安全的具有特性的混合签密方案的理想功能，并且通过理想功能设计通用可复合安全的相应具有特性的混合签密方案是很重要的研究内容。

3. 网络编码环境下的签密密钥封装机制研究

在无线 Ad Hoc 网络、Mesh 网络、无线传感器网络等环境中，采用网络编码可极大地节省网络资源和提高网络传输速率、吞吐量和可靠性。作为一种有着广泛应用前景的新技术，网络编码发展不得不面临污染和窃听等安全威胁。攻击者可以通过节点蓄意篡改或伪造消息，这些被篡改或伪造的消息与其他消息进行线性组合后，会污染其他消息；而且攻击者通过窃听网络中的部分或者全部信道来获取网络中传输的消息。这些不安全因素在很大程度上限制了网络编码的应用范围，阻碍了网络编码在实践中的应用和推广。

针对网络编码应用中存在的污染和窃听攻击降低网络编码传输效率的问题，设计实用的网络编码签密密钥封装机制对于网络编码发展显得尤为重要。目前，有关网络编码环境下的签密密钥封装机制的报道甚少。鉴于签密密钥封装机制在信息安全领域中的广泛应用，在一些数学问题的困难假设理论基础上，设计适用于不同真实场景的基于网络编码的签密密钥封装机制也是很重要的研究内容。

4. 抗量子计算攻击的密码协议研究

据报道，4000 位的 RSA 密码被认为可以抵抗大型电子计算机的攻击，但却不能抵抗大型量子计算机的攻击。而具有 400 万密钥的 McEliece 密码被认为能够抵抗大型电子计算机和大型量子计算机的攻击。现在必须考虑量子计算机对密码的威胁，并且不能老是把眼光集中在 RSA 和 ECDSA 之上。一些密码学者已开始关注抗量子计算密码。或许现在没有能够研制出大规模的量子计算机，但如果现在不研究，将来某一天突然想要抗量子密码时，则已丧失了关键的研究时机。研究抗量子计算攻击的密码方案是大势所趋。

针对现有许多密码方案无法抵抗量子计算攻击的问题，构造能够抵抗量子计算攻击的密码方案显得尤为重要。在前期积累和抗量子计算的研究基础之上，设计基于哈希函数的密码方案、基于格的密码方案、基于纠错码的密码方案、多变量公钥密码方案亦是将来研究的重要内容。